LE KOKO OU MFUMBU (GNÉTACÉES)

Une plante alimentaire d'Afrique Centrale

Etudes Africaines

Collection dirigée par Denis Pryen et François Manga Akoa

Dernières parutions

Edouard ETSIO, *Autopsie de la violence au Congo-Brazzaville*, 2007.

Jean de la Croix KUDADA, *Les préalables d'une démocratie ouverte en Afrique noire. Esquisse d'une philosophie économique*, 2007.

Jacques CHATUÉ, *Basile-Juléat Fouda*, 2007.

Bernard LABA NZUZI, *L'équation congolaise*, 2007.

Olivier CLAIRAT, *L'école de Diawar et l'éducation au Sénégal*, 2007.

Mwamba TSHIBANGU, *Congo-Kinshasa ou la dictature en série*, 2007.

Honorine NGOU, *Mariage et Violence dans la Société Traditionnelle Fang au Gabon*, 2007.

Raymond Guisso DOGORE, *La Côte d'Ivoire : construire le développement durable*, 2007.

André-Bernard ERGO, *L'héritage de la Congolie*, 2007.

Ignatiana SHONGEDZA, *Éducation des femmes en Afrique australe*, 2007.

Albert M'PAKA, *Démocratie et vie politique au Congo-Brazzaville*, 2007.

Jean-Alexis MFOUTOU, *Coréférents et synonymes du français au Congo-Brazzaville. Ce que dire veut dire*, 2007.

Jean-Alexis MFOUTOU, *La langue française au Congo-Brazzaville*, 2007.

Mouhamadou Mounirou SY, *La protection constitutionnelle des droits fondamentaux en Afrique. L'exemple du Sénégal*, 2007.

Cheikh Moctar BA, *Etude comparative entre les cosmogonies grecques et africaines*, 2007.

Mohamed Saliou CAMARA, *Le pouvoir politique en Guinée sous Sékou Touré*, 2007.

Pierre SALMON, *Nouvelle introduction à l'histoire de l'Afrique*, 2007.

Pierre KAMDEM, *Camerounais en Ile-de-France*, 2007.

Vincent MULAGO, *Théologie africaine et problèmes connexes. Au fil des années (1956 – 1992)*, 2007.

Sous la direction de
Fidèle Mialoundama

LE KOKO OU MFUMBU (GNÉTACÉES)

Une plante alimentaire d'Afrique Centrale

Préface de Bernard Millet

Publié avec le concours de la coopération française

L'Harmattan

5-7, rue de l'Ecole polytechnique ; 75005 Paris

http://www.librairieharmattan.com
diffusion.harmattan@wanadoo.fr
harmattan1@wanadoo.fr

ISBN : 978-2-296-04008-3
EAN : 9782296040083

SOMMAIRE

PARTIE III : ENJEUX SOCIO-ECONOMIQUES ET COMMERCIAUX

PREFACE

Les auteurs de cet ouvrage collectif ont fait preuve de beaucoup d'audace et de ténacité. En effet, de l'audace, il en fallait pour entreprendre cette monographie consacrée aux Gnétacées d'Afrique.

Qui aujourd'hui, parmi les biologistes, s'intéresse encore à cette famille de plantes représentée par quelques genres seulement, en position « charnière » dans la série évolutive des Végétaux et sans intérêt majeur dans l'économie mondiale ? De la ténacité aussi, car les conditions de travail des chercheurs congolais sont difficiles. Dans un passé récent, des troubles socio-politiques ont perturbé leur activité, les ressources documentaires sont réduites et les moyens financiers plus que limités. Leur courage a été payant, car ce livre publié sous la direction du Professeur Fidèle Mialoundama, constitue une mise à jour très fouillée des connaissances relatives aux Gnétacées d'Afrique et plus particulièrement au genre *Gnetum*.

Les différents chapitres du livre se succèdent dans un ordre tout à fait naturel et sont sous-tendus par une bibliographie bien documentée. Le genre *Gnetum* est vu d'abord sous l'angle strictement botanique, puis on traite de sa physiologie avant d'aborder les aspects économiques et les usages thérapeutiques.

Il n'était pas superflu de rappeler la position systématique des Gnétacées dans le monde végétal. La chimiotaxonomie vient conforter l'idée que cette famille est proche des Gymnospermes par certains caractères et qu'elle annonce les Angiospermes par d'autres.

La thèse du Professeur Mialoundama a largement contribué à faire connaître la biologie et la physiologie du genre *Gnetum* et notamment les particularités de sa croissance. Pour les auteurs qui s'intéressent à la croissance rythmique des arbres ou des plantes herbacées , le cas du *Gnetum* est tout à fait exemplaire car à la différence de ce qui s'observe chez d'autres espèces, l'allongement de la tige et de la racine est caractérisé par une phase d'allongement, simultanée dans les deux organes, suivie d'une phase d'arrêt de croissance qui n'est pas nécessairement une phase de repos car les autres fonctions (nutrition, photosynthèse, respiration, etc...) restent actives. La prise en compte des données relatives à la croissance rythmique dans la recherche des conditions optimales de la multiplication de la plante par voie végétative est une approche nouvelle qui s'est révélée fructueuse chez le *Citrus*. En effet, la vitesse de développement des boutures est fortement influencée par le niveau du prélèvement et le moment du cycle auquel il est effectué. Cette donnée qui est vérifiée pour le *Gnetum* est d'autant plus importante que la multiplication par graines ne donne pas de bons résultats.

La troisième partie de cet ouvrage a le grand mérite de mettre en lumière l'intérêt que représente le *Gnetum* sur le plan économique et du point de vue ethnobotanique. Les informations apportées par les auteurs touchant à la valeur alimentaire des feuilles de cette plante, principalement sa richesse en protéines et en sels minéraux, seront nouvelles pour beaucoup de lecteurs. L'analyse qui est faite par les économistes de l'organisation du marché est fort instructive car elle met en lumière les modes de fonctionnement des sociétés concernées et elle permet d'avoir une idée sur le revenu que procure la cueillette de ces feuilles. On peut lire aussi que la mondialisation n'a pas de limites : qui aurait pu penser qu'il existe un marché du *Gnetum* en Europe ? Bien entendu, on lui a trouvé aussi des vertus médicinales. Quarante-deux maladies

traitées et guéries avec des remèdes à base de *Gnetum* ont été recensées ! Les laboratoires pharmaceutiques, toujours à la recherche de nouvelles molécules, devraient s'y intéresser.
La lecture de cet ouvrage soulève une interrogation majeure. En effet, le *Gnetum* est une plante très recherchée pour les qualités nutritionnelles et thérapeutiques de ses feuilles, largement consommée en Afrique centrale et même exportée en Europe. En même temps, elle reste une plante sauvage . Les auteurs insistent à juste titre sur le fait que sa surconsommation risque de conduire à sa disparition. Que faire, en conséquence ? La solution passe en priorité par le développement des investigations touchant à la productivité (identification de pieds-mères performants, multiplication végétative, conditions de culture et amélioration génétique). Cela suppose une aide à la recherche. Un tel programme a été présenté il y a quelques années dans le cadre d'un projet Campus. Malheureusement, il n'a pas abouti et on ne peut que le regretter. Il est à souhaiter que ce livre contribue à sensibiliser les décideurs et que des actions concrètes soient menées pour que le devenir de cette plante soit assuré et que l'économie des pays concernés en retire un bénéfice.

Bernard Millet
Professeur Honoraire
Université de Franche-Comté (Besançon)

INTRODUCTION : APERÇU SUR LE GENRE *GNETUM*

Fidèle Mialoundama

1) Origine et intérêt scientifique des Gnétophytes

Les genres *Gnetum, Ephedra* et *Welwitschia* qui font partie des Chlamydospermes ou encore Gnétophytes, se placent à la jonction entre Gymnospermes et Angiospermes. On retrouve chez ces trois genres des traits gymnospermiens et angiospermiens (Lignier et Tison, 1911 ; Thompson, 1916 ; George, 1930 ; 1931, 1932 ; Gaussen, 1963 ; Nemejc, 1967). Thivend et al. (1979) et Ouabonzi (1981) ont confirmé les soupçons de certains botanistes quant au caractère artificiel du groupe des Gnétophytes. Ils y ont décelé deux « versants systématiques », l'un gymospernien (*Ephedra*) et l'autre plutôt préangiospermien (*Gnetum* et *Welwitschia*). Cependant les trois genres présentent quelques caractères communs et notamment :

- les cônes sont des inflorescences ;
- l'embryon a deux cotylédons ;
- le bois héteroxylé dispose de larges rayons ;
- les feuilles sont opposées.

Toutefois, les rapports entre *Gnetum* et *Welwitschia* sont plus nets. La structure de leur ovule est voisine et plusieurs caractères anatomiques sont communs (vaisseaux vrais, canaux gommifères, etc). Leurs stomates sont du type Bennettitales alors que chez *Ephedra* les stomates sont différents.

Ils sont du type Cycadale (Gymnospermes) et de plus, chez ce dernier, le nombre de divisions pour obtenir un spermatozoïde sont des caractères gymnospermiens et il y a présence d'un stade à noyaux libres lors de la division de l'œuf. Par ailleurs, le genre *Gnetum* présente plusieurs caractères communs avec les Angiospermes. La morphologie de ses feuilles (limbe), nervures, et pétioles est proche des feuilles des Dicotylédones. A leur aisselle se trouvent des bourgeons sériés. La disposition des traces foliaires rappelle celle des Dicotylédones. De nombreux autres caractères du type dicotylédonien existent chez *Gnetum,* notamment les caractères anatomiques des tiges et feuilles et l'existence au sein des Gnétacées, des types biologiques, lianescents et arbustifs.

Le genre *Gnetum* est dioïque mais chez certaines espèces, des traces conférant le caractère hermaphrodite sont visibles sur quelques inflorescences. L'unisexualité des inflorescences des Gnétales résulterait donc d'un hermaphrodisme antérieur par avortement de l'un des sexes (Lignier et Tison, 1911). Ainsi, les trois genres constituant les Gnétophytes n'auraient peut-être pas un ancêtre commun mais seraient issus de lignées gymnospermiennes indépendantes (Nemejc, 1967). Selon Woltz (1986), la flore gymnospermienne actuelle et particulièrement celle de l'hémisphère sud, présente un caractère archaïque évident. Certaines espèces ne sont représentées que par quelques pieds. Il s'agirait là d' espèces reliques. Les ancêtres des Gnétophytes sont inconnus. Et en l'absence d'ancêtres actuels ou fossiles, leur origine est loin de faire l'unanimité. Cependant, tous les spécialistes s'accordent pour dire qu'ils se placent à la jonction entre les Gymnospermes et les Angiospermes, d'où leur intérêt pour le botaniste et de plus, le *Gnetum* suscite un vif intérêt du fait surtout de sa large répartition géographique (fig1). Les Gnétophytes apparaissent alors comme une énigme.

Selon Martens (1971), « l'intérêt mérité par les Gnétophytes dépasse fort d'ailleurs celui des ressemblances, affinités ou critères phylétiques. Nombre de traits d'organogenèse, d'histologie, d'anatomie, de cycle vital s'y déroulent de façon originale et instructive. Il en est surtout ainsi chez le *Welwitschia*, un des « monstres » les plus étonnants du règne végétal, un de ces végétaux qui ne peut rien faire comme les autres ! ».

2) **Phytogéographie des Gnétophytes**

Les Gnétophytes vivent dans plusieurs continents à l'exception du genre *Welwitschia mirabilis*, endémique dans le désert namibien au sud-ouest de l'Afrique. Le genre *Ephedra* compte une quarantaine d'espèces connues dans les régions arides et semi-arides d'Asie, dans les régions méditerranéennes d'Europe et en Amérique. Ce sont des plantes d'altitude. La plupart d'entre elles sont des arbustes.

Quant au genre *Gnetum*, il comprend une trentaine d'espèces localisées dans les régions tropicales d'Afrique, d'Amérique et d'Asie. En Afrique, il n'existe que deux espèces, *Gnetum africanum* et *Gnetum buchholzianum* dont l'aire de répartition géographique s'étend depuis le Nigeria, le Cameroun, la République Centrafricaine, le Gabon, le Congo-Brazzaville, la République Démocratique du Congo jusqu'en Angola (fig1). En Amérique du Sud (fig1.), plusieurs espèces endémiques ont été retrouvées dans les forêts humides du Brésil, du Venezuela, de Colombie, de Guyana, du Pérou, du Panama et du Costa Rica (Rodin, 1966). Il s'agit principalement de *Gnetum leyboldii*, *Gnetum nodiflorum*, *Gnetum paniculatum*, *Gnetum schwackeanum*, *Gnetum urens*, *Gnetum venosum*, *Gnetum montanum*. En Asie (fig1), l'espèce la plus connue est le *Gnetum gnemon*, originaire du Singapour et d'Indonésie.

Une autre espèce, *Gnetum Hainanense* a été récemment décrite par Fu Li-Kuo et al.(1999). Cette espèce est originaire de l'île chinoise de Hainan. Toutes les espèces africaines et même américaines sont lianescentes. La seule espèce de *Gnetum* arborescente la plus connue est asiatique. C'est le *Gnetum gnemon*.

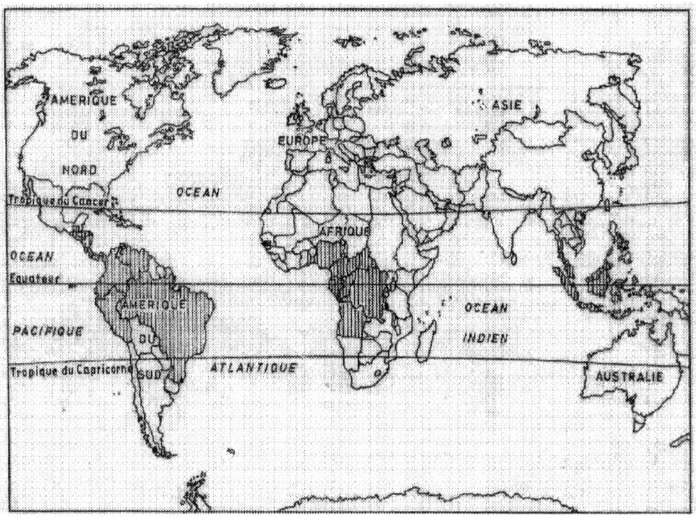

Figure 1 : Phytogéographie du Gnetum L.

(Répartition géographique du *Gnetum* dans les pays où il pousse à l'état spontané dans les forêts ''pays hachurés'')

3) Intérêt socio-économique du *Gnetum*.

Les feuillages des deux espèces africaines, *Gnetum africanum* et *Gnetum buchholzianum* sont comestibles, de la même façon que ceux d'espèces asiatiques et américaines comme *Gnetum gnemon*, *Gnetum ula*, *Gnetum latifolium* et *Gnetum montanum* (Maheshwari et Vasil, 1961).

Les espèces africaines sont connues dans tous les pays d'Afrique Centrale sous le nom vernaculaire de « *koko* » (Chevalier, 1951). Ces feuillages très consommés par les populations d'Afrique Centrale font l'objet d'un commerce dans tous les pays de la sous-région exercé par les femmes (Mialoundama, 1996).

Un commerce transfrontalier interafricain et international se développe d'ailleurs de plus en plus. De nos jours, les feuillages d'espèces africaines sont vendus dans la plupart des grandes villes d'Europe et notamment en France (à Paris, Bordeaux, Toulouse, etc.), en Belgique (Bruxelles) et en Angleterre (Londres). Tous ces feuillages sont issus de la cueillette en forêt sur des lianes. Cette cueillette intensive constitue une menace pour le *Gnetum*. C'est pourquoi nous avons mené des études portant sur la biologie et la physiologie des espèces africaines du genre *Gnetum* (Mialoundama, 1979, 1980a 1980b, 1983, 1985, Mialoundama et al. 1984, Mialoundama et Paulet, 1985, 1986 ; Mialoundama et Mbou, 1992) afin de cerner les possibilités de mise en culture de cette plante ; ces feuillages qui occupent une place importante dans l'alimentation de nombreuses populations sont une source de protéines et de sels minéraux appréciables (Mialoundama, 1993). D'ailleurs, les spécialités à base de feuilles de *Gnetum* vont au-delà de leur utilisation alimentaire. A travers ces plats qui prennent une valeur emblématique, les populations d'Afrique Centrale expriment leur identité culturelle (Mialoundama, 1996).

Le *Gnetum* a donc acquis chez ces populations une valeur socioculturelle indéniable. C'est ce qui explique la recherche et la préférence pour les plats à base de *Gnetum* d'une personne qui se trouve loin de son pays d'origine.

Par ailleurs, les espèces américaines et asiatiques, en plus de leur rôle alimentaire, produisent d'autres denrées utilisables et notamment, le *Gnetum gnemon*, cultivé pour ses graines comestibles et pour les écorces dont la fibre est utilisée pour les lignes de pêche et pour faire une pâte à papier.

Conclusion

Les trois genres, *Gnetum, Welwitschia* et *Ephedra* faisant partie des Chlamydospermes ou encore Gnétophytes se placent à la jonction entre Gymnospermes et Angiospermes avec les deux versants systématiques, l'un gymnospermien, *Ephedra* et l'autre préangiospermien, *Gnetum* et *Welwitschia*. Le genre *Welwitschia* comprenant une seule espèce est endémique dans le désert namibien du Sud-Ouest de l'Afrique et le genre *Ephedra* compte une quarantaine d'espèces connues en Amérique, dans les régions arides et semi-arides d'Asie et dans les régions méditerranéennes d'Europe. Quant au genre *Gnetum*, il comprend une trentaine d'espèces localisées dans les régions tropicales d'Afrique, d'Amérique et d'Asie.

Références bibliographiques

CHEVALIER, A. 1951. Plantes remarquables observées en Afrique équatoriale à l'état vivant au cours d'un voyage en 1950-1951. Revue *Internationale de Botanique Appliquée et d'Agriculture Tropicale*, 31, 265 – 270.

FU LI-KUO, YU YONG-FU and M.G. Gilbert, 1999. Validation of an invalidly described species of *Gnetum* (*Gnetaceae*) from Hainan Island, China. *Novon* 9(2), 187 – 189.

GAUSSEN, H. 1963. *Les Gymnospermes. In Précis des Sciences biologiques publiés sous la direction* du Pr. P.P. GRASSE – Botanique pp. 640 –643 – Ed. Masson et Cie – Paris.

GEORGE, L. 1930. Sur quelques particularités anatomiques des *Gnetum. C. R. Acad Sci*. Paris, 191, 220 – 222.

GEORGE, L. 1931. Les rapports des Gnétales avec les Dicotylédones et les Gymnospermes. *C.R. Acad. Sci*. Paris, 193, 1451 – 1453.

GEORGE, L. 1932. Sur l'origine des Gnétales. *C.R. Acad. Sci*. Paris, 194, 1090 – 1093.

LIGNIER, O. et TISON, A. 1911. Les Gnétales sont des Angiospermes apétales. *C.R. Acad. Sci*. Paris, 152, 201-203.

MAHESHWARI, P. et VASIL, V. 1961. *Gnetum* – Botanical Monograph n°1, pp. 123-124 New Delhi : *Counc. Sci Ind Res*)

MARTENS, P. 1971. *Traité d'anatomie végétale. Les Gnétophytes*. XII, 2, 295p. Gebrüder. Borntraeger – Berlin.

MIALOUNDAMA, F. 1979. Influence des feuilles sur la croissance en longueur de la tige chez *Gnetum africanum* Welw. *C.R. Acad. Sci*. Paris, 288, 603 – 606.

MIALOUNDAMA, F. 1980 a. Corrélations intervenant dans la croissance des rameaux latéraux chez *Gnetum africanum* Welw. *Bull. . Soc. Bot. Fr*. 127, *Actual. Bot*. 2, 119 – 121.

MIALOUNDAMA, F. 1980 b. Action régulatrice des feuilles sur l'activité morphogénétique du bourgeon terminal chez *Gnetum africanum* Welw. *C.R. Acad. Sci*. Paris, 291, 509 – 512.

MIALOUNDAMA, F. 1983. Analyse du déterminisme de la croissance rythmique chez *Gnetum africanum* Welw. *Acta Horticulturae* 123, 81 – 89.

MIALOUNDAMA, F. 1985. Etude de la croissance rythmique chez le *Gnetum africanum* Welw. Thèse de Doctorat d'Etat ès Sciences Naturelles, Université d'Orléans, 156 p.

MIALOUNDAMA, F. 1993. Nutritional and socio-economic value of *Gnetum* leaves in central africa. In « *Tropical forests, people and food* » MAB SERIES ; MAB – UNESCO, vol. 13 chap. 14, 177 – 182 ed. by C.M. HLADIK ; O.F. LINARES H. PAGEZY ; A. SEMPLE and M. HADLEY Paris.

MIALOUNDAMA, F. 1996. *Intérêt nutritionnel et socio-économique du genre Gnetum en Afrique Centrale.* In « *L'alimentation en forêt tropicale. Interactions bioculturelles et perspectives de développement* ».
Vol. 1. Les ressources alimentaires : production et consommation ; éd. C.M. HLADIK ; A. HLADIK ; H. PAGEZY, O. F. LINARES et A. FROMENT, Paris UNESCO, chap. 15, 221 – 227.

MIALOUNDAMA, F. LAUZAC, M. et PAULET, P. 1984. The periodic induction of dormancy during the rhythmic growth of *Gnetum africanum. Physiol. Plant.* 61, 309 – 313.

MIALOUNDAMA, F. et PAULET, P. 1985. Développement et rythme d'émergence foliaire chez *Gnetum africanum* Welw. en relation avec la photopériode et les propriétés du rayonnement. *Acta Oecologica, Oecologia Plantarum* 6, 309 – 318.

MIALOUNDAMA, F. et PAULET ; P. 1986. Regulation of vascular differenciation in leaf primordia during the rhythmic growth of *Gnetum africanum. Can. J. of Bot*, 64, 208 – 213.

MIALOUNDAMA, F. et MBOU, R. 1992. Influence de la fertilisation minérale sur la croissance et sur le rythme d'émergence foliaire chez *Gnetum africanum* Welw. *Agronomie Tropicale*, 46, 2, 89 –96.

NEMEJC, F. 1967. Notes on the origin and the past of chlamydospermophyta. *Preslia.* 39, 345 – 351.

OUABONZI, A. 1981. Contribution à l'étude phytochimique de *Gnetum africanum* WelW et de *Gnetum buchholzianum* Engl. Doctorat 3ème cycle, LYON.

RODIN, R.J. 1966. Leaf structure and evolution in american species of *Gnetum. Phytomorph.* 16, 56 – 68.

THIVEND, S. LEBRETON, Ph. OUABONZI, A. et BOUILLANT, M.L. 1979. Remarques d'ordre biochimique sur les affinités systématiques des Gnétophytes. *C.R. Acad. Sci.* Paris, 289, 465 – 467.

THOMPSON, W. P. 1916. The morphology and affinities of *Gnetum. Am. J. Bot.* 3, 135-184.

WOLLTZ, Ph. 1986. Les Podocarpus ; origines et évolution. Etude des plantules ; Comparaison avec les feuilles des conifères de l'hémisphère sud. Thèse de Doctorat d'Etat, Sciences naturelles. Université de Marseille, 190 P.

PARTIE I : BOTANIQUE ET ECOLOGIE

CHAPITRE 1 : CONTRIBUTION A LA CONNAISSANCE BOTANIQUE ET ECOLOGIQUE

Fidèle Mialoundama

Introduction

L'ordre primitif des Gnétales auquel se rattache le genre *Gnetum,* n'est formé que d'une seule famille (*Gnétacée)* dont l'unique genre comprend environ 30 espèces principalement des lianes et même des arbustes des régions tropicales d'Asie, d'Amérique et d'Afrique (Martens, 1971). En Afrique, il n'existe que deux espèces, *Gnetum africanum* et *Gnetum buchholzianum* dont l'aire de répartition géographique s'étend depuis le Nigéria, le Cameroun, la République Centrafricaine, le Gabon, le Congo-Brazzaville, le Congo Démocratique jusqu'en Angola.

1) Identification de *Gnetum africanum* et *Gnetum buchholzianum*

Ce sont des lianes sarmenteuses, des sous-bois de la forêt tropicale humide. Les feuilles sont opposées, le pétiole, long de 0,5 à 2 cm, le limbe coriace et elliptique et la nervation pennée. Ces caractéristiques les rapprochent des Dicotylédones. Les deux espèces du genre *Gnetum* ne peuvent être identifiées avec certitude que par l'examen des fleurs des individus mâles. Dans l'inflorescence mâle de *Gnetum africanum,* les fleurs sont serrées les unes contre les autres, les entre-nœuds de l'épi sont minces et ont un diamètre sensiblement constant sur toute leur longueur, tandis que chez *Gnetum buchholzianum,* les fleurs sont davantage séparées et le diamètre des entre-nœuds diffère considérablement entre la base et le sommet (Stevels, 1990). Dans tous les cas, les fleurs unisexuées sont disposées en verticilles. De plus, les feuilles de *Gnetum buchholzianum* sont nettement plus grandes que celles de *Gnetum africanum.* Toutefois, en l'absence de l'épi mâle, il reste difficile de distinguer les deux espèces africaines. Mais les consommateurs sont capables de les différencier. Ces derniers préfèrent les feuilles de *Gnetum africanum* plus tendres à celles de *Gnetum buchholzianum.*

2) Phénologie du *Gnetum* dans les conditions naturelles

Nous avons précisé dans les conditions naturelles des forêts du Congo, les périodes de floraison, de nouaison, de véraison et de maturation du *Gnetum* (Mialoundama, 1978, 1985).

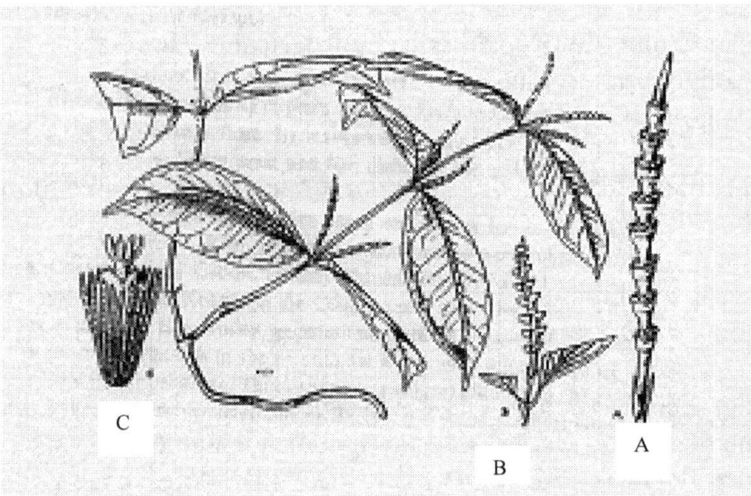

Figure 2 : Inflorescences mâle (A) et femelle (B) de *Gnetum buchholzianum* Engl. et détails de fleur femelle ©,d'après Hutchinson et Dalziel, 1954.

Le *Gnetum* est une plante dioïque portant les inflorescences en position axillaire (fig.2) ou au sommet des axes latéraux (fig.3 A et 3 B). Seules les plantes lianescentes les plus âgées sont aptes à fleurir. Au Congo, la floraison a lieu généralement en octobre et la nouaison en novembre-décembre. Les graines de *Gnetum africanum*, de couleur verte d'abord, sont ovoïdes et mesurent en moyenne 10 mm de long et 6 mm de diamètre. A maturité, elles changent de couleur, deviennent vert clair puis vert-jaune en janvier, rougissent en février et mars pour tomber en avril.

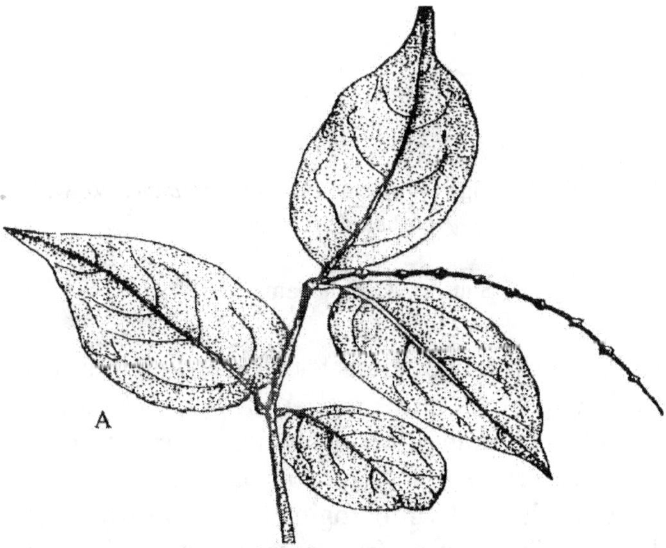

Figure 3A: Inflorescence mâle de *Gnetum africanum*

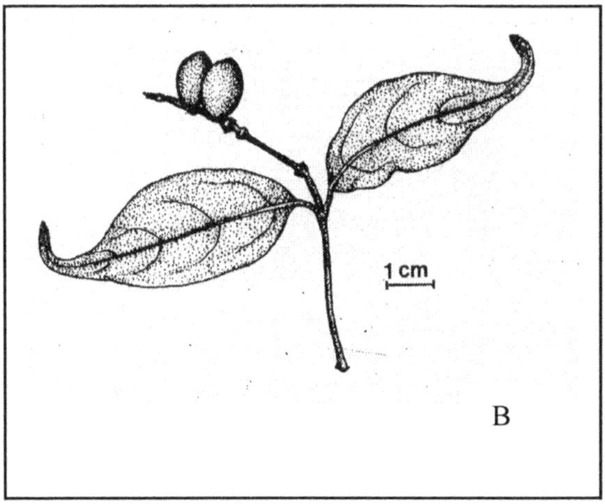

Figure 3 B: Cône âgé femelle de *Gnetum africanum* Welw. portant deux graines.

Source : Mialoundama, 1985

L'examen des coupes transversales et longitudinales des graines (fig.4) montre que celles-ci présentent trois téguments entourant l'endosperme, au centre duquel se trouve l'embryon. Le tégument le plus externe est le sarcotesta selon la terminologie utilisée par Rodin et Kapil (1969). Il adhère au sclérotesta et renferme des pigments qui donnent aux graines leur teinte aux différentes périodes de l'année. A maturité, le sarcotesta se ramollit et se détache du sclérotesta, peu de temps après que la graine est tombée. La couche la plus interne des trois est l'endotesta, très fin, qui n'adhère ni au sclérotesta, ni à l'endosperme. L'embryon est pourvu de deux cotylédons très petits, d'un hypocotyle court, d'une radicule et d'un volumineux « pied » ou suçoir.

Ce dernier vascularisé, se présente comme une expansion latérale de l'axe hypocotyle-racine ayant pour fonction la mobilisation et le transport des matériaux nutritifs endospermiques vers l'appareil racinaire et aérien après germination (Martens et Lehmann-Baerts, 1967). Ce suçoir reste attaché à l'endosperme, même après la formation des feuilles.

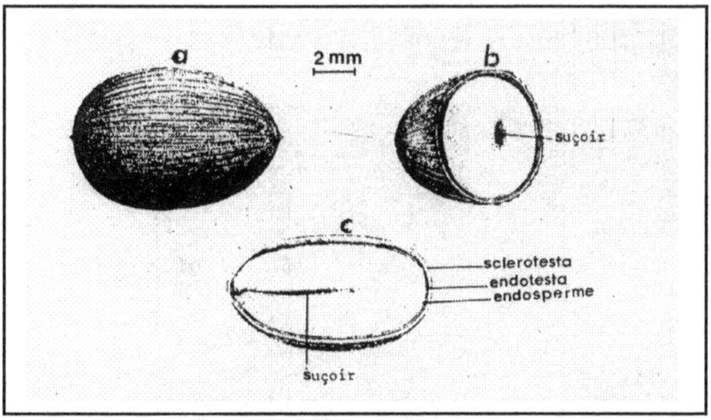

Figure 4 : Graine de *Gnetum africanum* (a: Graine débarassée de sarcotesta ; b : Coupe transversale; c : Coupe longitudinale)
Source : Mialoundama, 1985

La germination des graines dans les conditions naturelles du sous-bois a lieu à partir des premières pluies d'octobre.

3) Morphologie des plantules du *Gnetum africanum*

Les graines germées en forêt ou au laboratoire donnent chacune une plantule (fig.5) qui a un port dressé, des entre-nœuds courts, des feuilles opposées et décussées et deux cotylédons écailleux. L'axe principal porte de 5 à 6 paires de feuilles assimilatrices en fin de croissance. La formation d'une paire de feuilles est toujours suivie d'un arrêt de croissance (Mialoundama, 1979) et dans la plupart des cas, l'axe principal n'émet de rameaux à sa base que s'il a achevé de s'allonger. Deux types de rameaux sont formés, les uns dressés avec des feuilles assimilatrices et les autres volubiles, avec des feuilles écailleuses.

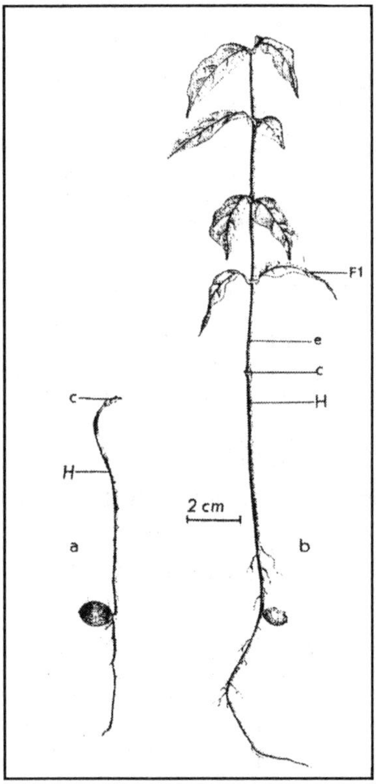

A

Figure 5A : Jeunes plantes de *Gnetum africanum (*a: après un mois de germination ; b : au stade "quatre paires de feuilles c : cotylédons ; e : épicotyle; F1 : feuilles de la première paire; H : hypocotyle). Source: Mialoundama et Paulet, 1985

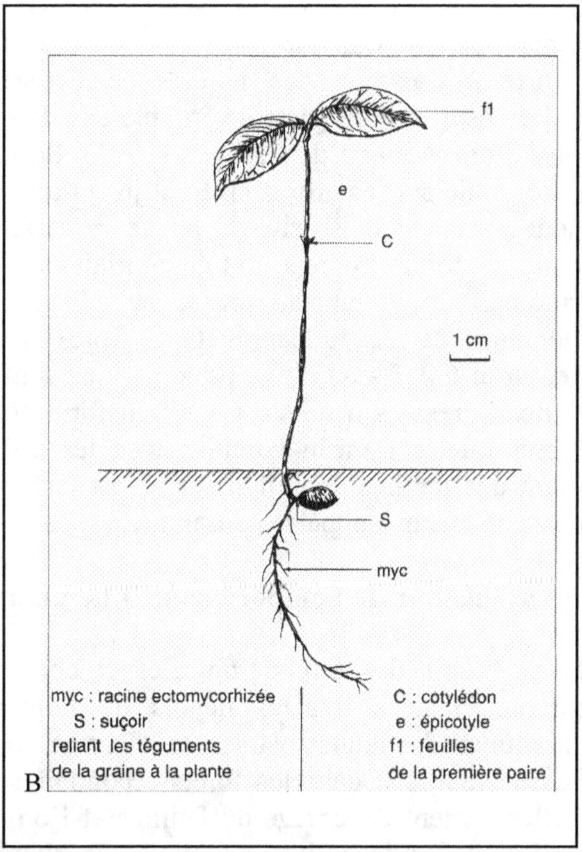

Figure 5-B : Plantule de Gnetum africanum au stade une paire de feuilles
Source: Mialoundama et Mbou, 1992

Le rameau dressé a une structure intermédiaire entre l'axe principal et le rameau volubile (fig.6). Il a des entre-nœuds beaucoup plus longs que ceux de l'axe principal et moins que ceux du rameau volubile. Ses feuilles sont assimilatrices et développées comme celles de l'axe principal alors que celles du rameau volubile sont réduites à l'état d'écailles. A la base du rameau dressé peuvent apparaître des rameaux volubiles ; dans certains cas, le rameau dressé peut se transformer en rameau volubile. Ce dernier porte à l'aisselle des feuilles écailleuses, des rameaux dressés d'ordre 3 (fig.6), véritable axe de réitération selon la terminologie de Cremers (1974). Le rameau volubile s'enroule sur les arbres en forêt jusqu'à atteindre parfois leur sommet qui se situe à plusieurs dizaines de mètres dans les forêts tropicales et équatoriales alors que l'axe principal et le rameau dressé ne dépassent pas respectivement 30 et 40 centimètres. Après quelques années (environ 6 à 7 ans), l'axe principal disparaît, ainsi que le rameau dressé s'il ne s'est pas transformé et il ne subsiste plus que le rameau volubile avec les différents axes portant des feuilles assimilatrices. C'est la forme du *Gnetum* la plus connue appelée couramment liane.

4) Observations sur le comportement des plantes en forêt

Dans les sous-bois des forêts tropicales et équatoriales sempervirentes restées intactes depuis de nombreuses années, la plupart des jeunes plantes de *Gnetum* portent 1 à 2 paires de feuilles ; dans les forêts secondaires et les chablis, elles portent davantage de feuilles et l'on distingue plusieurs stades de croissance depuis les plantes à 1 paire de feuilles jusqu'à celles qui en ont 6. En effet, l'examen du tableau 1 montre que dans les sous-bois, très peu de plantes sont aptes à émettre des feuilles nouvelles quel que soit le stade considéré ; sous chablis, le pourcentage de plantes susceptibles de dégager des feuilles demeure élevé pour les stades 1, 2, 3 et 4 paires de feuilles.

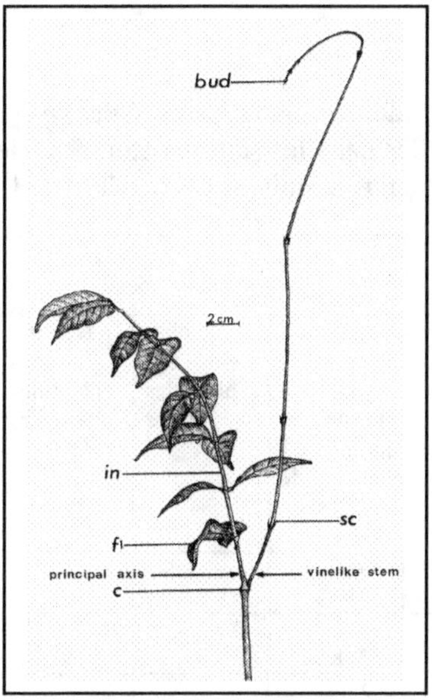

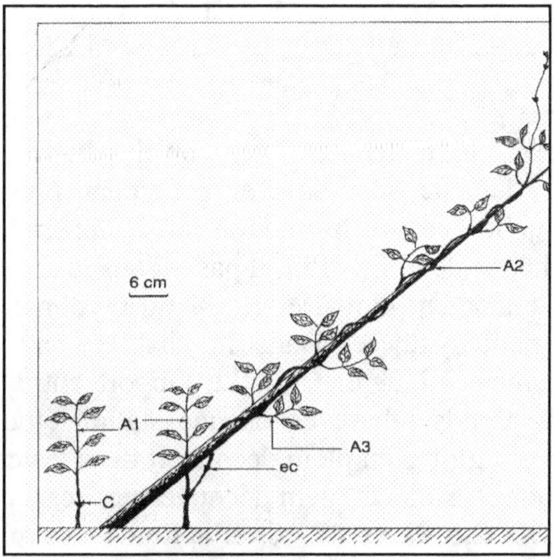

Figure 6 : Axe principal de *Gnetum africanum* (A1) ; Le rameau volubile (A2) est muni des feuilles écailleuses (ec) avec à leur aisselle, des bourgeons axillaires qui produisent des rameaux dressés (A3). En haut : Plante présentant un jeune rameau volubile courbé. Source : Mialoundama, 1985.

En outre, dans les conditions du sous-bois, un nombre non négligeable d'entre elles meurent (tableau1) alors que durant la même période, aucune plante étudiée n'est morte dans le chablis.

Tableau 1 : Aptitude des plantules de *Gnetum africanum* à dégager des feuilles nouvelles dans les stations étudiées (les résultats rapportés ici sont ceux obtenus 8 mois après le début de l'expérience).

Sous-bois				Chablis		
Stade des plantules	Nombre des plantules marquées	Plantules vivantes Ayant formé au moins 1 paire de feuilles nouvelles	Nombre des plantules mortes	Nombre des plantules marquées	Plantules vivantes ayant au moins 1 paire de feuilles nouvelles	Nombre des plantules mortes
1 paire de feuilles	30	8 %	5	30	83 %	0
2 paires de feuilles	20	5, 8 %	3	20	100 %	0
3 paires de feuilles	15	8,3 %	3	20	95 %	0
4 paires de feuilles	12	0 %	3	20	75 %	0

Source : Mialoundama et Paulet, 1985.

Par ailleurs, le tableau 2 révèle qu'il pénètre très peu d'énergie dans le sous-bois et nettement plus dans le chablis quelle que soit la fraction du rayonnement visible ou global considéré. En effet, il passe dans le sous-bois 3,9 % du rayonnement global et 1,8 % du rayonnement utile pour la photosynthèse. Dans le chablis, on enregistre respectivement 12 % et 6 %. Le rapport entre l'énergie utile à la photosynthèse de chaque station étudiée et le rayonnement global en plein découvert dans les conditions du sous-bois, chablis et plein découvert est respectivement de 0,80 %, 2,6 % et 47 %. L'aptitude des plantes de *Gnetum* à dégager des feuilles en forêt semble dépendre du facteur lumineux. En effet, selon Schnell (1971), dans les forêts tropicales et équatoriales, la lumière joue le rôle de facteur limitant et certains arbres ne peuvent se propager qu'à la faveur des chablis naturels.

Tableau 2: Evaluation des rayonnements globaux et photosynthétiquement actifs (PHAR) dans les stations

Station	Rayonnement photosynthétiquement actif dans les stations		Rayonnement global dans les stations
	En % du PHAR en terrain découvert	En % du rayonnement en terrain découvert	En % du rayonnement en terrain découvert
Sous-bois	1,8 %	0,81 %	3,9 %
Chablis	6 %	2,6 %	12 %
Terrain découvert	100 %	47 %	100 %

Source : Mialoundama et Paulet, 1985.

5) Racines ectomycorhizées

Chez *Gnetum africanum*, les mycorhizes sont toujours présents sur l'appareil racinaire aussi bien des plantules de différents stades que sur celui des plantes lianescentes très âgées (Mialoundama et Mbou, 1992). Ces mycorhizes de teinte jaune vif sont localisés à l'extrémité de certaines racines qui ont un aspect morphologique particulier. Elles semblent plus courtes et leur diamètre est plus important que celui des racines correspondantes. Le symbiote fongique à l'origine de cette mycorhizie est *Scleroderma* sp. (Fassi, 1957). Les mycorhizes améliorent généralement la nutrition minérale de la plante (Gianinazzi-Pearson,1982). L'absorption des éléments minéraux par les racines mycorhizées est favorisée par la capacité des champignons mycorhigènes à absorber ces éléments dans le sol et à les transférer vers la plante - hôte.

6) Anatomie du *Gnetum*

L'anatomie du *Gnetum* en général et du *Gnetum africanum* en particulier est relativement bien connue grâce aux travaux de Duthie (1912), de George (1930, 1931, 1932), Rodin (1966), Rodin et Kapil (1969). La structure anatomique de *Gnetum* est proche de celle des Dicotylédones. Le bois primaire et le bois secondaire est toujours présent. Aux formations secondaires libéro-ligneuses normales font suite chez certaines espèces (*Gnetum africanum, Gnetum schwackeanum, Gnetum scandens, Gnetum ula*) des formations surnuméraires et les formations subéro-phellodermiques sont générales. Il y a presque toujours des laticifères localisées dans les tissus parenchymenteux. Leur contenu est amylacé, tannifère ou gommifère. La structure anatomique de *Gnetum* se caractérise aussi par la présence des rayons médullaires larges, formés de plusieurs files des cellules. Ces rayons médullaires sont beaucoup plus importants chez les formes lianoïdes. Cela pourrait leur permettre de s'accommoder aux torsions lorsque ces lianes s'enroulent autour des supports.

Conclusion

Les deux espèces de *Gnetum* localisées en Afrique sont lianescentes (*Gnetum africanum*, *Gnetum buchholzianum*) mais leur forme de jeunesse sont des plantules semblables aux plantules des Dicotylédones. Aux formes de jeunesse, succèdent généralement les formes lianescentes durant toute la vie du végétal. Ces dernières sont des rameaux volubiles apparus à la base des plantules. Dans les sous-bois des forêts tropicales et équatoriales, beaucoup de plantules restent à l'état de jeunes plantes portant 1 à 2 paires de feuilles sans émettre davantage de feuilles et des rameaux, dressés ou volubiles et beaucoup de ces plantules meurent alors que dans les forêts secondaires et les chablis, l'on distingue plusieurs stades de croissance depuis les jeunes plantes à 1 paire de feuilles jusqu'à celles qui en ont 6 et qui sont ramifiées. Le rayonnement lumineux semble expliquer ces phénomènes. C'est d'ailleurs, l'un des facteurs limitant qui freine le développement des végétaux dans les sous-bois des forêts tropicales et certains arbres ne peuvent se propager qu'à la faveur des chablis naturels. Sur l'appareil racinaire de *Gnetum* (plantules et lianes), les ectomycorhizes sont toujours présents comme il en existe chez beaucoup d'autres plantes tropicales. Par ailleurs, la morphologie et l'anatomie des Gnétacées africaines sont proches des Dicotylédones.

Références bibliographiques

CREMERS, G. 1974. Architecture de quelques lianes d'Afrique tropicale, 2, *Candollea,* 29, 57-110.

DUTHIE, A. 1912. Anatomy of *Gnetum africanum. Ann. Bot.* 26, 593-602.

FASSI, B. 1957. Ectomycorhizie chez *Gnetum africanum* Welw. due à *Scleroderma* sp. *Bull. Soc. Mycol.* France, 73 (3), 280 - 286.

GEORGE, L. 1930. Sur quelques particularités anatomiques des *Gnetum. C.R. Acad. Sci.* Paris, 191, 220 - 222.

GEORGE, L. 1931. Les rapports des Gnétales avec les Dicotylédones et les Gymnospermes. *C.R. Acad. Sci.* Paris, 193, 1451 - 1453.

GEORGE, L. 1932. Sur l'origine des Gnétales. *C.R. Acad. Sci.* Paris, 194, 1090 - 1093.

GIANINAZZI-PEARSON, V. 1982. *Importance des mycorhizes dans la nutrition et la physiologie des plantes.* INRA, p. 51 - 59. (*Les colloques de l'INRA*, n°13)

MARKGRAF, F. 1926. Gnetales. Nat. Pflanzenfam. (Engler) 2, Aufl., 13, 407 – 441.

MARTENS, P. 1971. *Traité d'anatomie Végétale. Les Gnétophytes.* XII, 2, 295 p. Gebrüder Borntraeger -Berlin.

MARTENS, P. et LEHMANN - BAERTS, M. 1967. Etude sur les Gnétales. X. Le suçoir de l'ambryon et de la plantule chez *Gnetum africanum. Cellule*, 66, 343 - 359.

MIALOUNDAMA, F. 1978. Etude phénologique du *Gnetum africanum* Welw. dans les conditions naturelles des sous-bois des forêts du Congo - *Colloque Forêt Mayombe*, Brazzaville, p. 128 - 131.

MIALOUNDAMA, F. 1979. Influence des feuilles sur la croissance en longueur de la tige chez *Gnetum africanum* Welw. *C.R. Acad. Sci.* Paris, 288, 603 - 606.

MIALOUNDAMA, F. 1985. Etude de la croissance rythmique chez le *Gnetum africanum.* Welw. Thèse de Doctorat d'Etat ès Sciences Naturelles, Université d'Orléans, 156 p.

MIALOUNDAMA, F. et MBOU, R. 1992. Influence de la fertilisation minérale sur la croissance et sur le rythme d'émergence foliaire de *Gnetum africanum* WelW. *Agronomie Tropicale*, 46 (2), 89 - 96.

MIALOUNDAMA, F. et PAULET, P. 1985. Développement et rythme d'émergence foliaire chez *Gnetum africanum* Welw. en relation avec la photopériode et les propriétés du rayonnement. *Acta Oecologica, Oecol. Plant.* 6 (20), n°3, 309 - 318.

PEARSON, H.H.W. 1929. *Gnetales* cambridge - University Press.

RODIN, R.J. et KAPIL ; R.N. 1969. Comparative anatomy of the seed coats of *Gnetum* and their probable evolution. *Am. J. Bot.* 56, 420- 431.

SCHNELL, R. 1971. *Introduction à la phytogéographie des pays tropicaux.* Tome 2. *Les milieux. Les groupements végétaux.* Gauthier - Villars, éd. 951 p. Paris.

STEVELS, J.M.C. 1990. *Légumes traditionnels du Cameroun, une étude agro-botanique.* Wageningen Agric. Univ. Papers 90 -1, 262 p.

CHAPITRE 2: LES FLAVONOÏDES, MARQUEURS CHIMIOTAXONOMIQUES DES GNETOPHYTES

Antoine Ouabonzi

Introduction

Du point de vue de la systématique, les Gnétales posent un problème ; des études sont menées à travers le monde dans le but d'établir des critères pouvant servir à leur classification. En effet, si l'on considère l'évolution du règne végétal, représenté par le schéma suivant :

Ptéridophytes → Cycadophytes → Coniférophytes → Gnétophytes → Angiospermes

On constate qu'en fonction des critères taxonomiques utilisés, la délimitation de l'étendue des Gymnospermes reste mal tranchée (tableau 3)

Tableau3: Position systématique des Gymnospermes

EICHLER, 1889	**WETTSTEIN , 1935**	**GAUSSEN, 1944-76**	**EMBERGER, 1960**	**KRUSSMAN, 1972**
1. Cycadacées	1. Cyadinées 2. Ginkgoinées	1. Cycadophytes 1.1. Cycadales	1. Préphanérogames 1.1.Cycadales 1.2.Ginkigoales	1. Cycadopsida 1.1.Cycadales 1.2.Ginkgoales
2. Conifères 2.1. Pinoïdées 2.1.1. Abiétinées Araucariées Abiétinées Taxodinées 2.1.2. Cupressinées Actinostrobées Thujopsidinées Cupressinées Junipérinées 2.2. Taxoïdées 2.2.1.Podocarpées 2.2.2.Taxées (incl. Ginkgo)	3. Conifères 3.1. Taxacées 3.1.1. Cephalotaxées 3.1.2. Taxées 3.1.3. Podocarpées 3.2. Cupressacées 3.2.1. Taxodioïdées 3.2.2. Cupressoïdées Cupressées hujopsées Actinostrobées Junipérées 3.3. Abiétinées 3.3.1. Araucariées 3.3.2. Abiétées	2. Coniférophytes 2.1. Ginkygoales 2.2. Coniférales 2.2.1. Pinoïdes Abiótacées Taxodiacées Cupressacées Araucariacées Céphalotaxacées 2.2.2. Podocarpines Podocarpacées 2.2.3. Taxines Taxacées	2. Phanérogames 2.1. Gymnospermes 2.1.1. Conofères Pinales Pinacées Araucariales Ariaucariacées Podocarpales Podocarpacées Cupressales Taxodiacées Taxales Taxacées Céphalotaxacées	2. Coniferopsida 2.1. Coniférées 2.1.1. Pinacées Abiétoïdes Laricoïdes Laricoïdées Pinoïdées 2.1.2. Taxodiacées 2.1.3. Cupressacées Callitrioïdées Cupressoïdées 2.1.4. Podocarpacées 2.1.5. Céphalotaxacées 2.1.6. Araucariacées 3. Taxopsida 3.1. Taxales 3.1.1. Taxacées
3. Gnétacées	4. Gnétinées	3. Gnétophytes	2..2 .Chlamydospermes	4.Chlamydosperme 4.1. Gnétales

Plusieurs hypothèses non totalement exclusives existent:

- une première considère les Gymnospermes sensu lato comme l'ensemble comprenant les Cycadophytes, les Coniférophytes et les Gnétophytes (Gaussen, 1963),
- une deuxième (Emberger, 1960) considère les Cycadophytes comme des PréPhanérogames et les exclut donc des Gymnospermes. Ces derniers également séparés des Gnétophytes se limitent alors aux Coniférophytes.

En ce qui concerne les Chlamydospermes, tout le monde reconnaît l'hétérogénéité de ce groupe. Ce qui fait dire à Emberger (1960): "il est même possible que ces plantes (Gnétales, Ephédrales, Welwitschiales) représentent un groupe artificiel (Chlamydospermes) malgré les nombreux traits communs. Cependant, Welwitschiales et Gnétales sont assez bien ensemble, tandis que les Ephédracées sont plus isolées". Quelle est donc la contribution de la chimie dans ce débat sur la classification des Gnétophytes ?

1) Chimie des Gnétophytes

La phytochimie des Gnétophytes comme celle de beaucoup d'autres plantes des régions tropicales offre peu d'informations du fait entre autres, des faibles moyens techniques modernes engagés localement à leur étude. C'est dans ce contexte que quelques travaux ont été réalisés sur les Gnétophytes.

Des composés non flavoniques

Parmi les Gnétophytes, le *Gnetum gnemon* a été le plus étudié. En 1938, Spruit et Donathy y décèlent une carotène la provit. A .

- En 1942 à Lyon, Douin et Sauzeat l'utilisent pour démontrer l'action des acides β- indolyl butyrique et α-naphtylacetique sur la formation de la tige.
- En 1959, Peters va y confirmer la présence de carotène et y mettre en évidence l'existence d'amidon, de sucre, de thiamine, de niacine et d'acide ascorbique.

- En 1969, Melvin et Stewart vont apporter une contribution chimio-taxonomique en situant systématiquement les *Gnetum* par rapport aux Gymnospermes et en énonçant leurs relations phylogéniques avec les Angiospermes. Ainsi donc, à partir de la composition chimique en sucre et lignine ils sont arrivés à la conclusion que : « *Gnetum gnemon* » est tout à fait similaire en composition chimique aux Angiospermes tropicaux et cela dans le sens de la théorie selon laquelle les ancêtres des Angiospermes étaient étroitement reliés au genre *Gnetum.* Quelques autres Gnétophytes ont été étudiés en même temps que les *Gnetum gnemon :*
- En 1974 Dittrich et collaborateurs ont étudié le métabolisme du CO_2 chez les Chlamydospermes dont le *Gnetum gnemon.* Ils sont arrivés à constater que « chez *Ephedra gerardiana* et *Gnetum gnemon,* la fixation du CO_2 est de type calvin (C_3), tandis que chez *Welvitschia mirabilis* elle est de type C_4 ».
- Plouvier et al. en 1962 ont démontré l'existence de syringoside dans certaines familles botaniques dans les Gnétacées.
- Dittrich et al (1970) ont relevé l'acide D – glucarique chez les Gymnospermes dont le *Gnetum.*
- Dekker en 1909 dans la conclusion de ces travaux écrit : « dans le genre *Gnetum,* on a trouvé que, dans la plupart des espèces, il y a une substance proche des saponines et un principe amer. Toutes les espèces montrent une matière de couleur jaune. La seule plante, *Gnetum negletum*, dans laquelle il n'y a pas de saponine, ne porte pas de fruits ; il semble que la substance semblable aux saponines existe dans les fruits et le principe amer réside dans les feuilles ».
- En 1943, Varier en analysant l'huile contenue dans les graines du *Gnetum scandens* précise sa composition en acide gras. Celle-ci va être complétée par Vasudervan et Varier en 1955. Cette huile présente des vertus

médicinales notamment dans le traitement des rhumatismes. Elle a aussi des utilisations ménagères. Ces diverses études concernant les composés non flavoniques n'ont fait qu'effleurer la question du positionnement des gnétophytes.

Des composés flavoniques

C'est avec les composés flavoniques que les études réalisées ont visé à connaître la position systèmatique des Gnétophytes. Bate-Smith et Lerner en 1954 ont mis en évidence la présence de la prodelphinidine chez *Ephedra americana* et *Ephedra nebrodensis* et son absence chez *Gnetum gnemon.* Sawada en 1958 démontre l'absence des biflavones chez *Ephedra geraldiana.* Castledine et Harborne, en 1976 décèlent la présence de C-glycosylflavones chez *Ephedra andina.* Wallace et al. (1978) et Wallace et Morris (1978) sur le *Gnetum gnemon* constatent l'absence de biflavones, flavones et flavonols chromatographiquement détectables.

Thivend et al. en 1979 obtiennent les résultats rassemblés dans le tableau 4. Ouabonzi et al. (1981,1983) en étudiant les flavonoïdes des *Gnetum buchholzianum* et *Gnetum africanum* y ont isolé les molécules suivantes :

Chez le Gnetum buchholzianum Engl. -la présence des proanthocyanidines, -la présence de flavones et flavonols, -et surtout la présence de C-glycosyl flavones :

*la C – β – D – glucopyrannosyl-8 apigénine (vitexine),

*la O-methyl-7 C-β-D-glucopyrannosyl-8 apigénine

*la O – glucosyl-2" vitexine

*la O – xylosyl-2" vitexine

*la O – glucosyl-2' vitexine isoswertisine

*la O – xylosyl-2" isoswertisine

*la di – C – β – D-glucopyrannosyl-6 – C – β – D-glucopyrannosyl-6,8- apigénine (vicenine)

Tableau 4: Les flavonoïdes des Gnétophytes

Espèces	Proanthocyanidine (%.s.)	(I.D.LC%)	Flavones Flavonols % m.s	C – glycosyl flavones présence
Ephedra andina Poepips ex C.A.	12,0	95/05	0,65	+
Mey	6,4	95/05	0,45	+
Ephedra distachya L.	13,6	95/05	0,67	(+)
Ephedra major Host	0	-	0	+
Gnetum gnemon L.	0,02	LC	≤0,15	+
Gnetum buchholzianum L	0	-	≤0,15	++
Welwitschia mirabilis				

*la C-β-D-xylopyrannosyl-6 – C – β – D–glucopyrannosyl-8 apigénine (vicenine 1),

*la C-β-D-xylopyrannosyl-6 – C – β – D-glucopyrannosyl-8 apigénine (vicenine 3).

Chez le *Gnetum africanum* Welw.

-la présence de proanthocyanidines

-la présence de C-glucosylflavones :

*l'isoswertisine

*la O-xylosyl-2" isoswertisine

*la O-glucosyl-x" isoswertisine

*la di-C-β-D-glucopyrannosyl-6,8 apigenine (vicenine2)

*la C-β-D-glucopyrannosyl-6-C-β-D-xylopyrannosyl-8 apigenine (vicenine3)

* la présence abondante d'une O-glycosylflavone.

2) Propositions chimiotaxonomiques

En 1958 Sawada constate la présence des biflavonoides dans tous les Conifères (6 familles, 30 genres, 70 espèces) sauf dans la famille des Pinacées. En 1978 Wallace met en évidence l'absence des biflavones, flavones, et flavonols dans le *Gnetum gnemon* en même temps, il constate l'absence des flavanones, chalcones, isoflavones et aurones chez les Gnétales. Il en conclut que :"le regroupement classique des *Ephédra, Welwitschia* et *Gnetum* basé sur les fondements morphologiques et anatomiques trouve dans la présence des c-glycosylflavones et l'apparente absence des autres flavonoïdes un fond chimique". En 1979, les résultats de Lebreton et al. complètent et nuancent à divers titres les précédentes analyses et les conclusions qui en ont été tirées. On note ainsi :

-l'importance des proanthocyanidines chez *Ephedra* tandis qu'elles sont insignifiantes chez les *Gnetum* (*G. gnemon* : O; G. *africanum*: trace; G. *buchholzianum:* trace);

-l'importance des flavones et flavonols chez *Ephedra* dont les espèces analysées ici sont assez riches (*E. andina*; *E. distachia*; *E. major*) et une existence douteuse dans les genres *Gnetum* et *Welwitschia* ;

-s'il est exact que les trois genres contiennent les C-glycosylflavones, il convient de ne pas surestimer la valeur taxonomique de ces molécules dont on sait actuellement (Chopin et Bouillant, 1975) qu'elles sont présentes dans tous les groupes systématiques, des Bryophytes aux Monocotylédones en passant par les Gymnospermes bien qu'elles n'y soient fréquentes que chez les Pinacées (Lebreton et al, 1978) ; s'il est exact que les Gymnospermes sont généralement riches en biflavones (absentes des Gnétophytes), la famille des Pinacées déjà citée est également dépourvue de telles substances. Partant de ces données chimiques, un réexamen des propositions de classification s'impose en tenant compte des remarques formulées par Lebreton (1980) qui estime que l'originalité flavonique des Gymnospermes par rapport aux autres groupes botaniques, réside dans la réunion de deux au moins des trois types de phytoconstituants: proanthocyanidines, biflavonoïdes, c-glycosylflavones. Ainsi les Gnétales, bien que dépourvus des biflavonoïdes, semblent elles répondre au double critère énoncé. Cependant la très faible teneur en proanthocyanidine des *Gnetum* et *Welwitschia* peut laisser douter d'un rattachement formel aux Gymnospermes et permet d'envisager un rapprochement avec les Angiospermes. Par contre l'abondance des proanthocyanidines chez *Ephedr*a fait de celles-ci d'authentiques Gymnospermes, d'autant plus que ce genre contient des substances rencontrées chez d'autres familles de Gymnospermes notamment :

*des proanthocyanidines (Coniférales en général)
*des flavonols (Pinacées et autres familles)
*des flavonoïdes hydroxyles en 8 (Cupressacées)
*des alcaloïdes de type adrenalique (Taxacées).

Conclusion : La chimie a donc permis de mettre en lumière l'existence de deux versants systématiques chez les chlamydospermes l'un nettement gymnospermien constitué par *Ephedra* et l'autre pro-angiospermien, composé de *Gnetum* et de *Welwitschia.*

Références bibliographiques

BATE SMITH E. C. et LERNER N. H., 1954, *Biochem. J.* 58, 126

CASTELDINE R. M. et HARBORNE J. B., 1976, *Phytochemistry*, 15, 803

CHOPIN J. ET BOUILLANT M.L., 1975, in the flavonoids; *S*, Harborne J.B. et Mabry H. ; eds Chapman and Hall, London, 1204

DEKKER J., 1909, PHARM, Weekbiad,46, 29

DITTRICH P, KANDLER O., 1970, Z. Pflanzen physiol., 62 (2), 16

DOUIN R. et SAUZEAT J., 1942. Ann. Univer. Lyon C, 3, 5

EMBERGER L., 1960, *Traité de Botanique Systématique* 2, fascicule I Paris, 460

GAUSSEN H., 1963, Botanique: Précis des Sciences Biologiques, sous la direction de Grasse P.P.

LEBRETON Ph., 1980, Rev. Gen. Bot. 87,183

LEBRETON Ph., BOUTARD B. et SARTRE J., 1978b, Bull. lns. Sc., Rabat, 3,6

MELVIN J. F., STEWART C.M.,1969, Holzforshung, 23, (2), 51

OUABONZI A., 1981, Thèse de Doctorat 3ème cycle, Université Claude Bernard n°1024, 126 p.

OUABONZI A., BOUILLANT M.L. and CHOPIN J., 1983, C-glycosylflavone from *Gnetum buchholzianum* and *Getum africanum, Phytochemistry,* n°11, vol 22 PP. 2632-2633

PETERS F. E., 1959 Qualitas Plant. And Material Vegetables, 5, 513

SAWADA T., 1958 J. Pharm. Soc. Japan, 78,1023

SPRUIT J. P. et DONATHY W.F., 1938, Geneeskund-Tydschr, Nederland lndie, 7831

THIVEND S., LEBRETON Ph., OUABONZI A., et BOUILLANT M.L., 1979, Remarques d'ordre biochimique sur les affinités systématiques des Gnétophytes, *C .R. Acad. SC.*, 289, série D, PP. 465-467.

VARIER N.S. 1943, Proc. *Indian Acad Sci.*,17A, 195

VASUDERVAN N. K. et VARIER N.S., 1955, *Bull. Central. Research. Inst., Univ.* Travancore Trivandrum, Série A, 4,

WALLACE J.W., 1978, *Lloyda* 41 (6) 650

WALLACE J.W., et MORRIS G., 1978, *Phytochemistry*, 17,1809

PARTIE II : BIOLOGIE ET PHYSIOLOGIE

CHAPITRE 3 : QUELQUES ASPECTS DE LA BIOLOGIE DU *GNETUM*

Fidèle Mialoundama

Introduction

Des mises au point sur les Gnétales ont été faites dans les traités de Markgraf (1926), Pearson (1929) et Martens (1971). Tous ces travaux ainsi que d'autres concernent pour la plupart des aspects de botanique. En effet, plusieurs travaux ont été consacrés, soit à la morphologie, soit à l'anatomie ou même à la systématique des *Gnetum* (Rodin, 1966, 1967, Rao et Malaviya, 1967 ; Rodin èt Kapil, 1969 ; Rodin et Paliwal 1970) ; la morphologie et l'anatomie des Gnetaceae africaines sont aussi relativement bien connues (Thoday, 1911 ; Waterkeyn, 1959 ; Busson, 1965 ; Lehmann-Baerts, 1967 ; Reyre, 1968 ; Mialoundama, 1985). Par contre, la biologie traitant du cycle de vie, de la germination et de la reproduction d'une façon générale a bénéficié de peu de travaux. L'étude de la biologie du *Gnetum* s'impose donc pour une meilleure connaissance de cette curiosité du règne végétal menacée de disparition dans certaines régions.

1) La fécondation chez le *Gnetum*

Le *Gnetum* est une plante dioïque. Les inflorescences sont soit axillaires, soit terminales. Certaines fleurs montrent parfois des traces d'origine hermaphrodite. L'appareil mâle est un axe allongé muni de bractées qui se soudent en une masse compacte à étages successifs.

Les fleurs mâles se trouvent à l'aisselle des bractées et chaque fleur dispose d'un pédoncule portant le filet de l'étamine avec deux anthères contenant chacune un sac pollinique. Les androspores se divisent en cellule prothallienne, cellule du tube et cellule reproductive. Les deux dernières s'engagent dans le tube pollinique. La cellule

reproductrice se divise en deux spermatozoïdes inégaux. Quant à l'appareil femelle, c'est un cône muni de bractées. A leur aisselle, s'insèrent plusieurs ovules. Chaque ovule a deux téguments et un périanthe et il est pourvu d'une chambre pollinique. De plus, on peut observer dans l'ovule, la formation de noyaux haploïdes libres demeurant ainsi jusqu'à la fécondation. Il ne se forme pas d'archégone ni de cellule mère. Ce sont les noyaux libres de la région mycropylaire qui peuvent être considérés comme des gamètes femelles.
A la fécondation, les tubes polliniques s'allongent et viennent au contact des gamètes femelles. La polyembryonie demeure fréquente. Bien avant que les embryons ne soient différenciés, les graines sont libérées par la plante mère. La maturation morphologique des embryons ne s'acquiert qu'après une longue période au sol ; l'embryon morphologiquement mûr est pourvu de deux cotylédons très petits, d'un hypocotyle court, d'une radicule et d'un volumineux « pied » ou suçoir. Une plantule se développe après germination de chaque graine.

2) La germination

La germination est épigée. L'allongement de la radicule précède la levée de l'épicotyle. Dans les conditions naturelles du sous-bois au Congo, la germination des graines a lieu à partir des premières pluies d'octobre. Au laboratoire, nous avons étudié la germination des graines de *Gnetum* (Mialoundama, 1985) dans des mini-serres ; après prélèvement dans le sous-bois, les graines sont scindées en deux lots de 200 graines chacun. Celles du 1er lot ont séjourné quatre (4) mois dans le sous-bois et celles du 2ème lot sont restées plus longtemps (9 mois). Le pourcentage des graines du 1er lot a été de 8 % après 8 mois et 10 % après 10 mois. Pour celles du 2ème lot, le pourcentage de germination est aussi resté faible. Il n'a été que de 8 % après 5 mois (Mialoundama, 1985).

Les graines germées donnent chacune une plantule qui a un port dressé, des entre-nœuds courts, des feuilles opposées et décussées et des cotylédons écailleux. La croissance est lente et se fait par poussées successives alternant avec des arrêts de croissance (Mialoundama, 1979, 1980b). Dans le sous-bois forestier, la croissance de l'axe principal est fortement dépendante du rayonnement solaire (Mialoundama et Paulet, 1985). Il en est d'ailleurs de même de l'aptitude des plantes à émettre des rameaux qui est fonction du stade de développement.

3) Aptitude des plantules à dégager des feuilles en forêt
Dans le sous-bois forestier, très peu de plantules sont aptes à émettre des feuilles nouvelles quel que soit le stade considéré et sous chablis par contre, le pourcentage de plantes susceptibles de dégager des feuilles demeure élevé aussi bien pour celles du stade 1 paire de feuilles, 2 paires que 3 et 4 paires (Mialoundama et Paulet, 1985). En outre, dans les conditions du sous-bois, un nombre non négligeable d'entre elles meurent alors que durant la même période aucune plantule marquée n'est morte dans le chablis (Mialoundama et Paulet, 1985). Par ailleurs, il pénètre très peu d'énergie en sous-bois et nettement plus dans le chablis et ce, quelle que soit la fraction du rayonnement visible ou global considérée (Mialoundama et Paulet, 1985).

Le comportement du *Gnetum* en sous-bois et dans le chablis nous a conduit à examiner l'effet de la lumière sur le rythme de dégagement foliaire.

4) Effet de la lumière sur le rythme de dégagement foliaire

En salle climatisée, le plastochrone apparent varie peu en jours longs et courts ainsi qu'en éclairement continu réduit (tableau 5).

Tableau 5: Variations du rythme de dégagement foliaire en salle climatisée chez *Gnetum africanum* (plantes au stade 2 paires de feuilles)

Nature du traitement		
Photopériodes	Eclairement énergétique	Période du rythme (en semaines)
8 heures /24	25 Wm^{-2}	12,4 ± 0,5
14 heures /24	25 Wm^{-2}	12 ± 0,4
24 heures /24	1,9 Wm^{-2}	12,6 ± 0,6
12 heures /24	20 Wm^{-2}	13 ± 0,4
8 heures /24	15 Wm^{-2}	11,4 ± 0,7

Source : MIALOUNDAMA et PAULET, 1985.

Ainsi, ce rythme semble être indépendant de différentes photopériodes étudiées (tableau 6). Toutefois, pour une intensité lumineuse donnée, le pourcentage de plantules aptes à émettre une paire de feuilles reste faible en jours longs et il est plus élevé en jours courts (Mialoundama et Paulet, 1985). En jours continus et à une intensité relativement élevée, nous avons noté assez tôt, une dégradation importante des chlorophylles et des carotènes ; les feuilles devenaient chlorotiques et aucune plante n'a émis de feuilles supplémentaires. A l'obscurité continue ainsi qu'à 2 heures d'éclairement seulement, toute croissance d'organe est arrêtée et aucune émission foliaire nouvelle n'a été observée.

Tableau 6 : Variations du rythme de dégagement foliaire en fonction du numéro d'ordre des feuilles apparues.

Nature du traitement	Numéro d'ordre des feuilles apparues	Période du rythme	% de plantules ayant dégagé 1 paire de feuilles
12 heures /24 15 Wm^{-2}	2 e et 3 e	11,4 ± 0,7	73 %
	3 e et 4 e	12,7 ± 0,8	76 %

Source : Mialoundama et Paulet, 1985.

Un minimum d'éclairement est donc requis pour le dégagement des feuilles de *Gnetum* et les jours courts se révèlent beaucoup plus favorables que les jours longs. Or, l'effet photopériodique peut être expliqué par les variations du rapport entre le rouge clair (RC) et le rouge sombre (RS). L'examen de la figure 7 montre que l'éclairement continu R S inhibe l'allongement ; par contre, le RC stimule et de façon identique les entre-nœuds et les feuilles (fig.7).

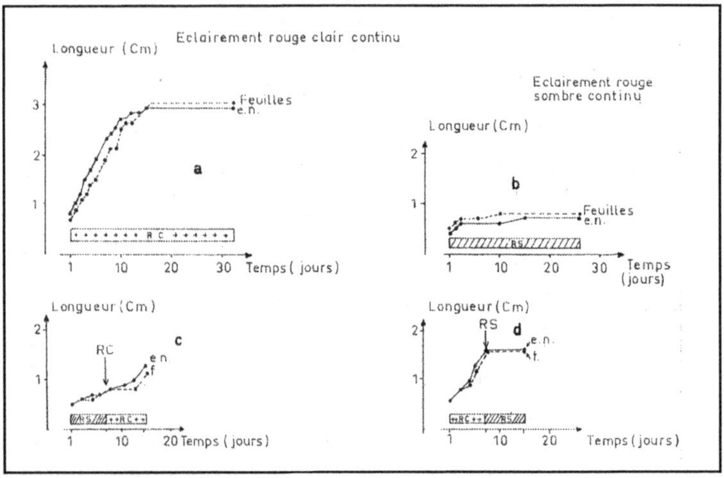

Figure 7 : Effet du rayonnement rouge clair (RC) et rouge sombre (RS) sur l'allongement des entre-nœuds et des feuilles. Nombre de plantes : 30 ; Chaque point représente la moyenne de 30 mesures

Les expériences de transfert des plantes du R S au R C et vice versa (fig.7) montrent que l'inhibition par le R S disparaît sous l'effet du R C et la stimulation par ce dernier transformée en inhibition. Cette dernière s'opère sans phase de latence alors que la stimulation par le R C consécutive à une inhibition préalable par le R S n'est décelable qu'après un certain temps. Le R S aurait donc un effet immédiat et le R C agirait de façon progressive.

5) Comportement des bourgeons axillaires

Chez le *Gnetum africanum*, l'émission des rameaux intervient après que l'axe principal ait formé au moins 4 paires de feuilles dans nos conditions expérimentales sous abri. Ces rameaux apparaissent à la base, du nœud cotylédonaire jusqu'au 2ème nœud de l'épicotyle (tableau 7).

Tableau 7 : Nature et niveau d'apparition des rameaux dans les conditions naturelles sous abri. (Nombre de plantes observées : 60).

N° noeuds	Nombre de rameaux développés				
	Total	Orthotropes	%	Plagiotropes	%
Nc0	40	34	85	6	15
N1	20	17	85	3	15
N2	3	3	100	0	0
N3	0	0	0	0	0

Source : MIALOUNDAMA, 1980 a.

L'examen de ce tableau montre qu'un grand nombre de bourgeons axillaires évoluent en rameaux dressés quel que soit le nœud considéré et très peu deviennent volubiles (Mialoundama, 1980 a). Ces bourgeons développés sont libérés de la dominance apicale. En effet, après décapitation du bourgeon terminal, il se produit une levée d'inhibition des bourgeons axillaires sous-jacents à l'ablation. Le délai d'apparition des rameaux après décapitation est fonction du niveau de la section. Si l'ablation est opérée au-dessus du nœud cotylédonaire, la ramification intervient tôt (tableau 8) alors qu'elle apparaît plus tard si la section est pratiquée au-dessus des nœuds de l'épicotyle.

Tableau 8 : Nature et délai d'apparition des rameaux après décapitation à différents niveaux

N° nœuds	Nombres de plantes			Nombre de rameaux développés			Délai d'apparition (en jours)
	Total	Avec rameaux	%	Total	Orthotropes	Plagiotropes	
Nc0	20	20	100	32	32	0	12
N1	20	15	75	20	20	0	16
N3	20	16	80	18	18	0	20

Source : Mialoundama, 1980 a.

Dans tous les cas, les rameaux développés sont orthotropes 3 mois après. Cette levée d'inhibition des bourgeons axillaires peut avoir lieu, soit à l'aisselle des deux feuilles opposées sous-jacentes à l'ablation ou n'intervenir qu'à l'une des aisselles. Les pousses en croissance issues des aisselles des 2 cotylédons opposés se comportent très souvent en concurrentes, l'une domine l'autre, mais aussi elles peuvent croître avec la même vigueur.

Outre ces phénomènes de corrélations entre pousses latérales opposées en croissance, les rameaux orthotropes sont aussi le siège des corrélations entre l'apex du rameau considéré et les feuilles qu'il a mises en place ; ainsi la croissance des rameaux orthotropes se fait par poussées successives avec arrêts de croissance d'une durée minimale d'un mois. Chaque allongement d'une durée moyenne de 20 jours, correspond à la formation d'un entre-nœud ; les corrélations entre les feuilles et le bourgeon terminal semblent être responsables de ce mode de croissance. En effet, le rameau plagiotrope dépourvu de feuilles assimilatrices présente une croissance continue et linéaire ; les entre-nœuds sont formés régulièrement à la vitesse d'un entre-nœud par semaine. En outre, chez le rameau orthotrope, l'ablation totale des 2 feuilles juvéniles supprime la période de repos et la croissance devient continue ; par contre, l'ablation des feuilles ayant terminé leur croissance ne favorise pas la reprise de la croissance.

Par ailleurs, les dimensions finales chez *Gnetum africanum* Welw. sont caractéristiques des axes considérés. Le rameau plagiotrope volubile atteint de très grandes dimensions, de l'ordre de plusieurs dizaines de mètres alors que l'axe principal et le rameau orthotrope ne dépassent pas respectivement 30 cm et 40 cm. Cette différence de longueur s'explique d'une part par le nombre réduit d'entre-nœuds formés et d'autre part par la différence de longueur des entre-nœuds dont celle du rameau plagiotrope volubile est double de celle du rameau orthotrope et triple de celle de l'axe principal. Il apparaît que chez *Gnetum africanum*, la ramification basitone est imputable aux phénomènes de corrélations. La ramification acrotone peut être obtenue par ablation du bourgeon terminal. Les bourgeons axillaires libérés de la dominance apicale évoluent en pousses latérales et sont le siège de multiples corrélations. Les jeunes feuilles inhibent la croissance du rameau orthotrope. Les formations d'entre-nœuds se succèdent d'une façon rythmique alors que le rameau plagiotrope et volubile, dépourvu de feuilles assimilatrices présente une croissance continue et linéaire.

6) Ramification basitone et glucides réducteurs

L'étude des variations quantitatives des sucres réducteurs dans les différents organes au cours des stades successifs chez le *Gnetum* renseigne que la teneur en glucides réducteurs dans les feuilles âgées est équivalente d'un stade à l'autre. Il en est de même de la teneur en glucides des entre-nœuds âgés ; ces taux sont toutefois beaucoup plus réduits dans les organes correspondants en cours de croissance (tableau 9).

Tableau 9 : Teneur en glucides réducteurs solubles dans les différents organes des plantes au stade « 3 paires de feuilles ».

Organes étudiés	Concentration en glucides (en équivalent de glucose) exprimée en mg de poids de matière fraîche	
	Plantes avec 1 paire de feuilles en croissance	Plantes avec feuilles ayant toutes terminé leur croissance
F3 (3ème paire de feuilles en cours de croissance)	2,33 ± 0,54	
Feuilles âgées F1 et F2 F1, F2 et F3	4,5 ± 0,87	4,37 ± 0,40
En3 (entre nœud en cours de croissance)	9,32 ± 0,77	
En1 et en2 En1, en2 et en3	16,33 ± 0,85	15,50 ± 1,28
Hypocotyles	25,67 ± 0,51	26,0 ± 1,6
Racines	17,3 ± 0,64	17,3 ± 1,08
Teneur moyenne globale dans les différents organes	12,57 ± 0,69	15,79 ± 1,09

Source : Mialoundama, 1985.

Dans les hypocotyles et les racines, cette teneur varie peu jusqu'au stade 4 paires de feuilles (tableau 10) ; par contre au stade 5 paires de feuilles, le taux de glucides augmente considérablement dans les hypocotyles et diminue fortement dans les racines, mais la teneur globale moyenne, reste équivalente aux différents stades étudiés.

Tableau 10 : Evolution des teneurs en glucides réducteurs solubles dans les différents organes en fonction de l'âge des plantes

Organes étudiés	Concentration en glucides (en équivalent de glucose) exprimée en mg/g de matière fraîche		
	Stade « 3 paires de feuilles »	Stade « 4 paires de feuilles »	Stade « 5 paires de feuilles »
Feuilles	4,37 ± 0,40	4,78 ± 1,48	4,83 ± 0,77
Entre-nœuds	15,50 ± 1,28	16,56 ± 1,57	16,83 ± 0,77
Hypocotyles	26,00 ± 1,62	26,16 ± 1,10	34,50 ± 0,56
Racines	17,33 ± 1,08	17,92 ± 1,16	6,67 ± 1,08
Teneur moyenne globale dans les différents organes	15,80 ± 1,09	16,35 ± 1,32	15,70 ± 0,79

Parallèlement, les plantes portant 5 paires de feuilles se ramifient déjà dans les conditions de culture étudiées. Un éclairement continu des plantes permettant une ramification précoce provoque également une accumulation des teneurs en glucides dans les entre-nœuds, les feuilles et plus particulièrement dans les hypocotyles (tableau 11). A l'obscurité totale, il y a une diminution notable des glucides dans tous les organes.

Tableau 11 : Effet de la lumière sur les teneurs en glucides réducteurs solubles dans les différents organes des plantes au stade « 4 paires de feuilles »

Organes étudiés	Concentration en glucides (en équivalent de glucose) exprimée en mg/g de matière fraîche		
	Plantes en culture Sous abri	Plantes en lumière continue	Plantes à l'obscurité totale
Feuilles	4,78 ± 1,48	7,03 ± 1,65	3,0 ± 0,47
Entre-nœuds	16,56 ± 1,57	26,75 ± 1,59	7,75 ± 1,49
Hypocotyles	26,16 ± 1,10	46,50 ± 1,59	16 ,25 ± 0,79
Racines	17,92 ± 1,16	3,50 ± 1,59	4,69 ± 0,60
Teneur moyenne globale dans les différents organes	16,35 ± 1,32	20,94 ± 1,60	7,9 ± 0,83

Source : Mialoundama, 1985.

Ces résultats suggèrent que la ramification basitone chez *Gnetum* est précédée d'une mobilisation des glucides réducteurs qui s'accumulent dans les hypocotyles au détriment des racines, mais globalement, la teneur moyenne reste équivalente aux différents stades étudiés.

Conclusion

Chez *Gnetum africanum*, les embryons ne sont pas différenciés lorsque la graine est libérée par la plante mère. Leur maturation morphologique n'intervient qu'après une longue période au sol. L'embryon morphologiquement mûr est pourvu de deux cotylédons très petits, d'un hypocotyle court, d'une radicule et d'un volumineux « pied » ou suçoir ; ce dernier est vascularisé et se présente comme une expansion latérale de l'axe hypocotyle racine assurant la mobilisation et le transport des matériaux nutritifs endospermiques vers l'appareil racinaire et aérien après germination. Les graines germées donnent chacune une plante qui a un port dressé, des entre-nœuds courts, des feuilles opposées et décussées et 2 cotylédons écailleux.

La croissance des plantules est lente et se fait par poussées successives alternant avec des arrêts de croissance. Dans le sous-bois, cette croissance est fonction du rayonnement solaire. En salle climatisée, une alternance de lumière et d'obscurité est nécessaire pour un meilleur allongement des entre-nœuds et des feuilles. A l'obscurité continue, leur croissance est stoppée. Un minimum d'éclairement est donc requis. Pour leur allongement, deux heures d'éclairement se révèlent insuffisantes et à partir de 4 heures jusqu'à 16 heures d'éclairement quotidien, l'on obtient un allongement analogue des organes. En lumière blanche continue, la croissance des entre-nœuds et des feuilles est inhibée. La jeune plante, après avoir formé au moins 4 paires de feuilles est apte à émettre des rameaux apparaissant à la base de l'axe principal. Cette ramification basitone est imputable aux phénomènes de corrélations. Deux types de rameaux sont émis ; Les rameaux dressés ou orthotropes, et les rameaux volubiles. Après plusieurs années, l'axe principal et les rameaux orthotropes disparaissent. Il ne subsistera que les rameaux volubiles appelés couramment lianes portant des axes feuillés issus des bourgeons à l'aisselle des feuilles écailleuses. L'étude que nous avons réalisée a montré que la ramification basitone est précédée d'une accumulation des sucres réducteurs dans les hypocotyles au détriment des racines.

Références bibliographiques

BUSSON, F. 1965. *Les plantes alimentaires de l'Ouest africain. Etude botanique, biologique et chimique* p. 97 - 99. Ed. LECONTE. Marseille.

LEHMANN – BAERTS, M. 1967. Etudes sur les Gnétales IX. Les plantules de *Gnetum africanum* ; organographie et anatomie ; *Cellule* 66, 329 – 342.

MARKGRAF, F. 1926. Gnétales. Nat. Pflanzenfam. (Engler), 2, Aufl., 13, 407 – 441.

MARTENS , P. 1971. *Traité d'anatomie végétale. Les Gnétophytes.* XII, 2, 295p. Gebrüder Borntraeger. Berlin.

MIALOUNDAMA, F. 1979. Influence des feuilles sur la croissance en longueur de la tige chez *Gnetum africanum* Welw. *C.R. Acad. Sci.* Paris, 288, 603 - 606.

MIALOUNDAMA, F. 1980a. Corrélations intervenant dans la croissance des rameaux latéraux chez *Gnetum africanum* Welw. *Bull. Soc bot. Fr.* 127, *Actual. Bot.* 2, 119 - 121.

MIALOUNDAMA, F. 1980b. Action régulatrice des feuilles sur l'activité morphogénique du bourgeon terminal chez *Gnetum africanum* Welw. *C.R. Acad. Sci.* Paris, 291, 509 – 512.

MIALOUNDAMA, F. 1985. Etude de la croissance rythmique chez le *Gnetum africanum.* Welw. Thèse de Doctorat d'Etat ès Sciences Naturelles, Université d'Orléans, 156 p.

MIALOUNDAMA, F. et PAULET, P. 1985. Développement et rythme d'émergence foliaire chez *Gnetum africanum* Welw. en relation avec la photopériode et les propriétés du rayonnement. *Acta Oecologica, Oecol. Plant.* 6 (20), n°3, 309 – 318.

PEARSON, H. H. W. 1929. Gnetales. Cambridge. University Press.

RAO, A. R. et MALAVIYA, M. 1967. Sclereids of *Gnetum ula* and *Gnetum gnemon*. *Curr. Sci.* 36, 284– 287.

REYRE, Y. 1968. Valeur taxinomique de la structure de l'exine des pollens de Gymnospermes et de Chlamydospermes. *C. R. Acad. Sci.* Paris, 267, 160 – 162.

RODIN, R.J. 1966. Leaf structure and evolution in american species of *Gnetum*. *Phytomorph.* 16, 56 – 68.

RODIN, R.J. 1967. Ontogeny of foliage leaves in *Gnetum*. *Phytomorph.* 17, 118 – 128.

RODIN, R. J et KAPIL, R.N. 1969. Comparative anatomy of the seed coats of *Gnetum* and their probale evolution. *Am. J. Bot* 56, 420 – 431

RODIN, R.J. et PALIWAL, G.S. 1970. Nodal anatomy of *Gnetum ula* *Phytomorph.* 20, 103 - 111.

THODAY, S.M.G. 1911. The female inflorescence and ovules of *Gnetum africanum*, with notes on *Gnetum scandens*. *Ann. Bot.* 25, 1101 – 1135.

WATERKEYN, l. 1959. Etudes sur les Gnétales : II. Le strobile mâle, la microsporogenèse et le gamétophyte mâle de *Gnetum africanum* Welw. *Cellule*, 60, 5 - 78.

CHAPITRE 4 : PHYSIOLOGIE DE LA CROISSANCE CHEZ LE *GNETUM AFRICANUM*

Fidèle Mialoundama

Introduction

Chez le *Gnetum,* une alternance de lumière et d'obscurité est nécessaire pour un meilleur allongement des entre-nœuds et des feuilles. Mais quelles que soient la photopériode et la température favorisant l'allongement des entre-nœuds et des feuilles, la fin de la croissance de ces dernières est toujours suivie d'un arrêt après lequel se produit une vague de croissance de l'axe principal. Nous étudierons dans ce chapitre les variations et les modalités de cette croissance.

I) Mise en évidence de la croissance rythmique chez *Gnetum africanum*

1) Croissance de l'axe principal

L'étude des courbes de croissance chez *Gnetum* montre que l'allongement de l'axe principal se fait par poussées successives avec des interruptions de 2 à 3 mois (fig. 8). Il se dégage à chaque vague de croissance une paire de feuilles et simultanément, l'entre-nœud sous-jacent s'allonge. La durée moyenne de croissance est de 20 jours pour l'entre-nœud et de 35 jours pour les feuilles.

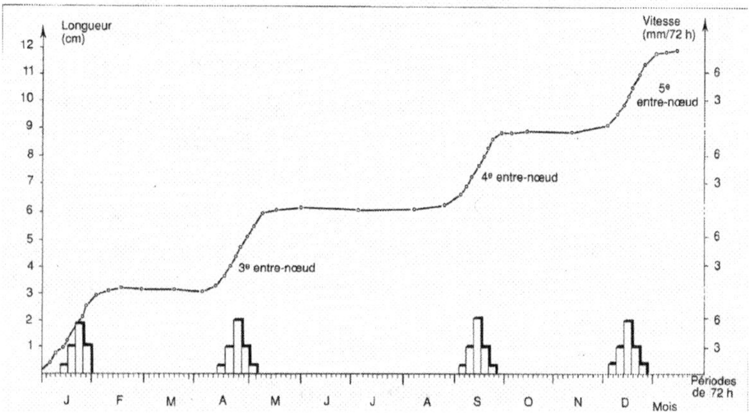

Figure 8 : Variations du rythme d'allongement moyen des axes principaux en fonction du temps dans les conditions de culture sous abri (nombre d'axes :12).
Chaque point représente la moyenne de 12 mesures
Source : Mialoundama, 1985

Nous pouvons rapprocher ces observations à celles faites par Baillaud (1967) chez le *Viscum album* et le *Pteridium aquilinum* qui donnent une feuille par an, en alternance avec une longue période de repos. Chez *Mandevillea suaveolens* (Courtot,1955), la tige a une croissance rythmée, quoique sans arrêt véritable. Chez *Gnetum*, l'apparition des feuilles sur l'axe principal est toujours suivie d'un arrêt de croissance de ce dernier. Ce comportement de l'axe principal est semblable à celui de tous les autres axes pourvus de feuilles assimilatrices (rameau dressé et rameau d'ordre 3). Ceci nous a incités à étudier ultérieurement la croissance du rameau volubile (à feuilles écailleuses).

2) Variations du rythme de dégagement des feuilles (axe principal)

Tableau 12 : Variations du plastochrone apparent en salle climatisée
Nombre de plantes pour chaque expérience : 30
La durée moyenne du plastochrone est suivie de l'erreur standard
L = lumière, O = obscurité

ECLAIREMENT		Durée moyenne du plastochrone apparent (en semaines)
Photopériode L - O	Energie	
8h – 16h	25 w m^{-2}	12,4 ± 0,5
14h – 10h	25 w m^{-2}	12,0 ± 0,4
12h – 12h	20w m^{-2}	13 ± 0,4
	15 w m^{-2}	11,4 ± 0,7
Eclairement continu	1,9w m^{-2}	12,6 ± 0,6

En salle climatisée, le plastochrone apparent varie peu en fonction de la photopériode (tableau12) et du numéro d'ordre d'apparition des feuilles (tableau 13).

Tableau 13 : Variations du rythme de dégagement foliaire en fonction du numéro d'ordre des feuilles apparues. Nombre de plantes pour chaque expérience : 30
La durée moyenne du plastochrone est suivie de l'erreur standard

Nature du traitement	Numéro d'ordre des feuilles apparrues	Période du rythme (en semaine)	% de plantes ayant dégagé 1 paire de feuilles
L – 0 = 8h – 16h 15 w m^{-2}	2ème et 3ème	11,4 ± 0,7	73%
	3ème et 4ème	12,7 ± 0,8	76%

Toutefois, pour une intensité lumineuse donnée, le pourcentage de plantes aptes à dégager une paire de feuilles reste faible en jours longs alors qu'il est plus élevé en jours courts. En jours continus et à une énergie d'éclairement relativement élevée, nous avons noté assez tôt une grande dégradation des chlorophylles et des carotènes ; les feuilles devenaient chlorotiques et aucune plante n'a émis de feuilles supplémentaires. Ce rythme reste donc relativement constant, même en conditions constantes. Il ne serait donc pas réglé par les facteurs du milieu, mais par des facteurs endogènes; les facteurs climatiques naturels ne pouvant qu'en modifier l'expression (fig. 8).

3) Croissance du rameau volubile

La Croissance du rameau volubile se fait d'une façon continue et presque linéaire ; les entre-nœuds sont formés régulièrement à la vitesse d'un entre-nœud par semaine sous abri (Mialoundama, 1979). En salle climatisée, le nombre d'entre-nœuds dégagés après un mois diffère peu des nombres obtenus dans les conditions précédentes (tableau 14) et dans les deux cas, l'accroissement du nombre moyen d'entre-nœuds demeure linéaire. L'émission des entre-nœuds du rameau volubile se fait d'une façon périodique (1 entre-nœud par semaine). Lorsqu'un nouvel entre-nœud se forme, le plus âgé cesse de croître : il y a donc toujours le même nombre d'entre-nœuds en croissance ; la croissance reste continue. Seuls les axes feuillés manifestent une croissance rythmique. Parallèlement au rythme de croissance de l'axe aérien, nous avons voulu connaître le mode de croissance des racines et étudier leur influence sur l'appareil aérien.

Tableau 14 : Effet de l'effeuillage et de la mise à l'obscurité de la 2ème paire de feuilles jeunes sur l'accélération du dégagement foliaire

Nature du traitement	Nombre de plantes en expérience	Nombre de plantes portant une 3ème paire de feuilles après		
		7 jours	14 jours	21 jours
Témoins (aucune ablation)	20	0%	0%	0%
Effeuillage de moitié de la2ème paire de feuilles jeunes	20	0%	0%	0%
Effeuillage aux 3/4 de la 2ème paire de feuilles jeunes	21	0%	76%	90%
Une ablation totale de la 2ème paire de feuilles jeunes	40	97%	100%	
La 2ème paire de feuilles jeunes recouvertes avec du papier d'aluminium	14	0%	50%	78%
Une ablation totale de la 2ème paire de feuilles âgées	20	0%	0%	0%

4)Croissance des racines et leur influence sur l'appareil aérien

Croissance des racines

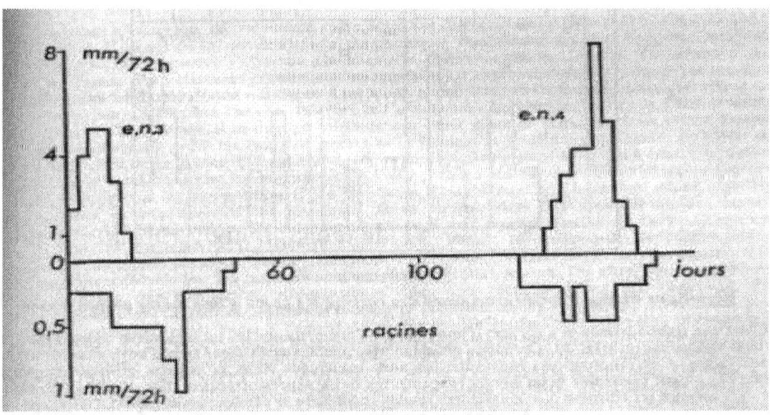

Figure 9 : Variations de la vitesse de croissance moyenne des entre-nœuds et des racines. Moyenne de 20 entre-nœuds et de 20 racines à raison d'une racine par plante

L'examen de la figure 9 montre que le débourrement de la croissance aérienne ne déprime pas l'allongement du système racinaire. La croissance des racines est variable ; des phases de croissance alternent avec des arrêts.

Les racines ont deux types d'arrêt d'allongement. Les uns de longue durée, d'un à deux mois, s'accompagnent d'un brunissement de leurs extrémités, coïncident avec le temps d'arrêt du système aérien (fig.9), tandis que les arrêts de courte durée, de 5 à 10 jours correspondent au temps de croissance de l'entre-nœud et des feuilles. L'arrêt prolongé des racines est amorcé à la fin de l'allongement des feuilles, c'est-à-dire au moment où le bourgeon terminal entre en dormance (Mialoundama et al., 1984) ; leur reprise d'activité peut précéder la levée de dormance du bourgeon terminal ou coïncider avec elle (fig.9).
Chez une même plante, et à fortiori d'une plante à une autre, toutes les racines ne se comportent pas de la même façon. Certaines peuvent marquer un arrêt alors que d'autres continuent à s'allonger. Ces fluctuations individuelles sont masquées dans la courbe globale moyenne (fig.9).

Influence des racines sur l'allongement du système aérien

Nous avons montré récemment que les feuilles jeunes contrôlent le plastochrone (Mialoundama, 1980). Leur ablation accélère le rythme de dégagement foliaire, mais uniquement en présence des racines. En l'absence de ces dernières, bien que les plantes restent vivantes plusieurs mois, l'inhibition est rétablie, la croissance de l'entre-nœud et des feuilles empêchée (fig.10), leur maturité retardée. Le temps de croissance de l'entre-nœud et des feuilles peut doubler après une ablation des racines et durer davantage si ce traitement est répété au fur et à mesure qu'elles apparaissent.

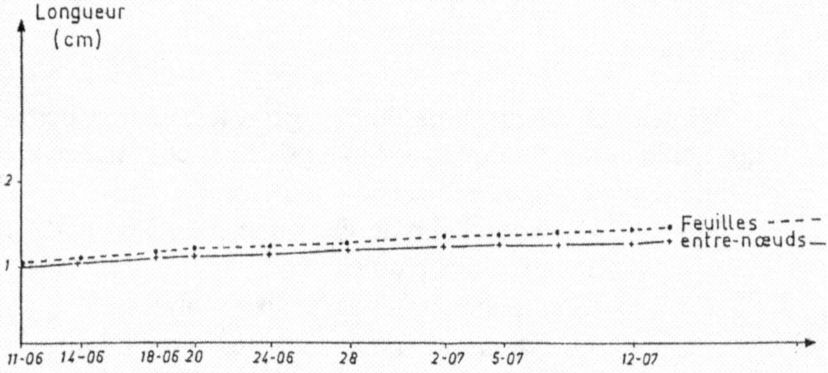

Figure 10 : Effet de l'ablation continue des racines sur l'allongement des entre-nœuds et des feuilles. Les racines apparues sont régulièrement sectionnées. Nombre de plantes : 20. Chaque point est une moyenne de 20 mesures

Source : Mialoundama, 1985

Il apparaît que chez le *Gnetum*, le rythme de dégagement des feuilles peut être accéléré (Mialoundama, 1979) par l'ablation des feuilles jeunes mais uniquement en présence des racines. Des corrélations entre l'appareil racinaire et l'appareil aérien sont probables. Quels sont les mécanismes mis en jeu dans ces corrélations ? Chez des Carex (Smith, 1969), l'ablation des racines perturbe le développement inflorescentiel et l'apport d'une cytokinine rétablit la morphogenèse normale. Des résultats analogues sont aussi obtenus par Mullins (1967). Wareing et al. (1968) ont montré une baisse de l'activité photosynthétique des plants de maïs dépourvus de racines et une restauration de cette activité après apport des cytokinines. Les racines de nombreux végétaux exportent vers l'appareil aérien des composés manifestant une activité de type gibbérelline et cytokinine (Miginiac, 1975). Ainsi donc, les racines, les bourgeons et les feuilles interagissent aussi bien par la voie trophique que par la voie hormonale. Cela pourrait en être de même dans notre cas. Les racines exercent donc un effet stimulateur sur l'activité du point végétatif de la tige et les feuilles, un effet inhibiteur.

Conclusion

Le dégagement foliaire hors du bourgeon terminal et des entre-nœuds est rythmique sur l'axe principal et le rameau volubile. Quant à la croissance en longueur, elle est :

- de type sigmoïde classique pour les entre-nœuds et les feuilles ;
- Continue pour les rameaux volubiles ;
- et rythmique pour tous les axes feuillés (axes principaux, rameaux dressés et rameaux d'ordre 3).

Ainsi il apparaît qu'au sein de l'appareil aérien du même végétal, il y a deux types d'axes, axes feuillés et volubiles qui se comportent différemment. La présence ou l'absence de feuilles assimilatrices expliquerait-elle les modalités de croissance de ces deux types d'axes ?

II) Contrôle expérimental de la croissance rythmique chez le *Gnetum africanum* : rôle des corrélations entre organes

1) Influence des feuilles sur la croissance en longueur de l'axe principal.

La comparaison des deux modes de croissance de l'axe feuillé (croissance rythmique) et du rameau volubile (croissance continue) nous a amené à étudier l'effet des feuilles sur le mode d'allongement de l'axe principal.

Transformation de la croissance rythmique en croissance continue (Mialoundama, 1979)

Tableau 15 : Effet de la mise à l'obscurité des feuilles jeunes sur l'allongement. (Nombre de plantes pour chaque expérience = 12. Toutes les plantes étaient au stade deux paires de feuilles). N.B. Les feuilles âgées sont maintenues à la lumière. Nous avons voulu vérifier ici si ces feuilles jeunes à l'obscurité continuent à croître ou non. L'erreur standard de chaque moyenne est indiquée.

Nature du traitement	Longueur des feuilles (en cm)	
	Au moment du traitement	A la fin de l'expérience
Témoins	1,9 ± 0,2	3,4 ± 0,5
La 2ème paire de feuilles jeunes recouvertes avec du papier d'aluminium	1,6 ± 0,2	2,7 ± 0,3
Les 2 paires recouvertes du papier d'aluminium (1 paire de feuilles jeunes et 1 paire de feuilles âgées)	1,8 ± 0,3	1,9 ± 0,2

Des résultats obtenus avec l'axe principal (tableau 15 et figure 11), nous pouvons conclure que la formation d'une paire de feuilles assimilatrices sur un axe considéré s'accompagne toujours d'un arrêt de croissance de celui-ci ; l'ablation totale ou partielle d'au moins les trois quarts des feuilles jeunes de l'extrémité de l'épicotyle accélère l'apparition d'un nouvel entre-nœud porteur de feuilles. L'ablation de la moitié seulement de la feuille revient à son maintien en totalité. L'ablation totale des feuilles ayant terminé leur croissance ne favorise pas non plus la reprise d'allongement de l'axe.

Ceci nous amène à envisager l'existence de corrélations entre les feuilles et le bourgeon terminal. Il est intéressant de remarquer (tableau 14) que l'ablation peut être remplacée au moins partiellement par la mise à l'obscurité des feuilles jeunes, mais uniquement lorsque les feuilles âgées sont maintenues à la lumière. Dans ces conditions, les feuilles jeunes maintenues à l'obscurité continuent d'ailleurs à croître (tableau 15).

Lors de l'ablation totale des feuilles jeunes, le plastochrone apparent s'accélère rapidement ; la croissance de l'axe devient continue si les jeunes feuilles sont sectionnées au fur et à mesure de leur apparition (fig.11).

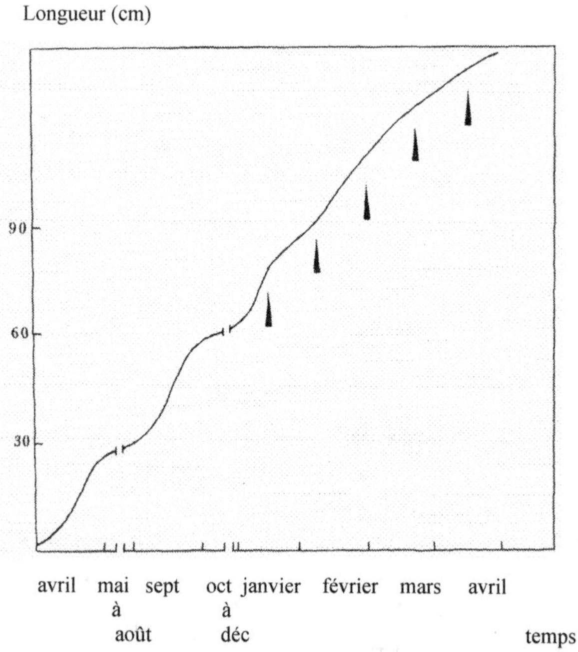

Figure 11 : Croissance rendue continue par ablation successive des feuilles jeunes. Les flèches indiquent les moments des ablations. Nombre de plantes: 30. Chaque point est une moyenne de 30 mesures
Source : Mialoundama, 1985

Les observations en milieu naturel confirment d'ailleurs ces conclusions car la croissance du rameau volubile dont les feuilles sont écailleuses est continue et dans certains cas, il arrive que les rameaux dressés à grandes feuilles et à croissance rythmique, évoluent en rameau volubile ayant les mêmes caractéristiques que celles de rameaux volubiles habituels.

Nous avons pu montrer ici que la croissance rythmique de la tige du *Gnetum africanum* est due à des corrélations

entre les feuilles jeunes normales et le bourgeon terminal ; l'apex lui-même a la potentialité d'exprimer une croissance continue comme le montrent les ablations des feuilles et le mode de croissance du rameau volubile à feuilles écailleuses.
Ceci nous a conduits à essayer de transformer des feuilles écailleuses en feuilles assimilatrices et à observer le mode de croissance qui en résulte. C'est l'objet du paragraphe suivant.

Transformation des feuilles écailleuses en feuilles assimilatrices

Une étude préalable des sucres dans divers organes a suggéré que la ramification basitone chez *Gnetum* est parallèle à une accumulation des glucides réducteurs au niveau de l'hypocotyle (Mialoundama, 1985).
Aussi, nous avons soumis les plantes portant des rameaux volubiles à divers facteurs défavorables à la synthèse glucidique afin d'étudier le comportement de ces rameaux. Le tableau 16 montre que les trois traitements affectent différemment le nombre des entre-nœuds dégagés et provoquent un ralentissement de la croissance qui précède l'apparition des feuilles assimilatrices sur l'axe volubile.

Tableau 16 : Effet de quelques traitements sur le devenir du rameau volubile
Les témoins dégagent environ 4 entre-nœuds par mois.
L'intervalle de confiance de chaque moyenne est donné avec un coefficient de sécurité de 95 %

Nature du traitement	% de rameaux volubiles portant des feuilles assimilatrices après 2 mois	Nombre moyen d'entre-nœuds dégagés après 1 mois
Obscurité continue	16 %	1,1 ± 0,6
Eclairement réduit (1wm^{-2}) (12 plantes)	33 %	2,7 ± 0,3
Ablation des feuilles assimilatrices sur l'axe principal et rameaux (24 plantes sous abri)	41 %	3,2 ± 1

Les axes ayant formé des feuilles assimilatrices ont arrêté leur croissance. La reprise d'allongement ne s'est faite qu'après un temps d'arrêt très long, dépassant 4 mois pour les plantes soumises à un éclairement réduit et celles qui ont été effeuillées. La plupart de celles qui étaient à l'obscurité ont fini par périr, probablement faute de substances telles que les sucres.

Les plantes avec rameaux volubiles soumises aux conditions stressantes défavorables à la synthèse glucidique développent des feuilles assimilatrices sur les rameaux volubiles. Il s'ensuit un arrêt de croissance qui peut dépasser 4 mois dans nos conditions expérimentales. On passe ainsi de la croissance continue (caractéristique du rameau volubile) à la croissance rythmique des axes feuillés. Tout se passe comme si le déficit en substances carbonées servait de signal à la formation de feuilles assimilatrices.

Le volubilisme chez *Gnetum* apparaît donc comme une transformation physiologique du bourgeon, qui peut se maintenir ou se perdre selon les conditions de culture des plantes. Ces résultats confirment une fois de plus le fait que les corrélations entre les feuilles jeunes et le bourgeon terminal sont responsables des arrêts d'allongement. Aussi avons nous étudié l'effet d'effeuillages successifs sur le plastochrone réel et sur l'allongement des entre-nœuds.

2) Action régulatrice des feuilles sur l'activité morphogénétique du bourgeon terminal.
(Mialoundama, 1980 b.)

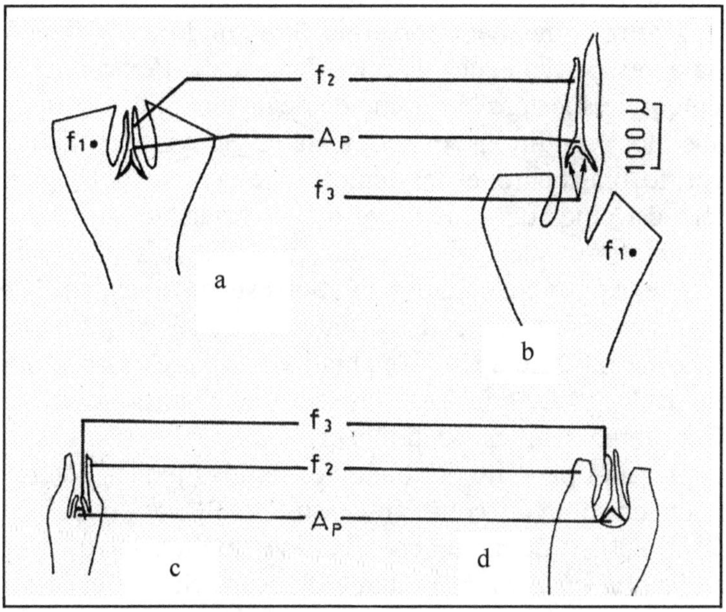

Figure 12 : Bourgeon terminal du *Gnetum* présentant :
a : la paire d'ébauches foliaires (f2) durant le temps de repos
b : la paire de primordiums foliaires (f3) lors de la reprise d'allongement
c : la paire de primordiums foliaires (3), 7 jours après la reprise d'allongement
d : la nouvelle paire d'ébauches foliaires (f3)
Ap : Apex

La figure 12 montre que durant la phase de repos, le bourgeon terminal ne présente qu'une seule paire d'ébauches foliaires (fig.12 a); et quand ces dernières s'allongent, il se forme parallèlement des primordiums foliaires (fig. 12 b) qui évoluent en ébauches (fig. 12 c. et d.) Les ébauches précédentes deviennent des feuilles épanouies et poursuivent leur croissance en longueur et en largeur, tandis que les nouvelles ébauches (fig. 12 d), récemment formées, demeurent inchangées pendant la phase d'arrêt de croissance. L'intervalle de temps qui sépare l'émission de deux paires de primordiums foliaires consécutives est identique à celui qui sépare l'apparition des deux paires de feuilles auxquelles ces primordiums ont donné naissance. Ainsi, la durée du plastochrone apparent, qui peut aller jusqu'à 4 mois coïncide avec celle du plastochrone réel. Ce plastochrone peut toutefois être modifié. L'ablation totale ou partielle des feuilles jeunes de l'extrémité de l'épicotyle accélère le rythme de dégagement des feuilles ; dans nos conditions expérimentales et en comparaison avec le plastochrone des témoins, le rythme de dégagement est cinq fois plus élevé pour les plantes ayant subi des ablations successives totales et trois fois plus élevé pour celles qui ont subi des ablations successives partielles (aux ¾) des feuilles jeunes (Mialoundama, 1980). Ce plastochrone modifié après des ablations foliaires s'accompagne d'une variation de longueur de l'entre-nœud sus-jacent aux feuilles sectionnées. Dans tous les cas, la suppression partielle ou totale des feuilles jeunes détermine un entre-nœud court au-dessus de l'ablation (tableau 17). Il en est de même chez la Fève (Millet, 1970). Chez le *Gnetum africanum,* la durée du plastochrone et la longueur des entre-nœuds sont contrôlées par les feuilles jeunes.

Tableau 17 : Effet de l'effeuillage sur la longueur des entre-nœuds sus-jacents aux feuilles sectionnées. L'erreur standard de chaque longueur moyenne estindiquée.

Nature du traitement	plantes obser-vées	Longueur moyenne des entre-nœuds E.N.I. à E.N.6. (cm)					
		C E.N.1.	FI E.N.2.	F2 E.N.3.	F3 E.N.4.	F4 E.N.5.	F5 E.N.6.
Témoins (aucune ablation)	50	3,0 ± 0,3	2,7 ± 0,2				
Une ablation (2ème paire de feuilles âgées)	20	3,1 ± 0,2	2,6 ± 0,2	(-) 3,0 ± 0,3			
Une ablation (2ème paire de feuilles jeunes)	20	2,8 ± 0,2	2,5 ± 0,3	(-) 1,6 ± 0,4	3,2 ±0,4		
Deux ablations successives (2e et 3e paire de feuilles jeunes)	20	3,0 ± 0,3	2,6 ± 0,4	(-) 1,9 ± 0,3	(-) 1,9 ± 0,2	2,7 ± 0,3	
Trois ablations successives (2e, 3e, et 4e paire de feuilles jeunes)	20	3,2 ± 0,4	2,5 ± 0,2	(-) 2,0 ± 0,3	(-) 1,9 ± 0,4	(-) 1,8 ± 0,2	2,5 ± 0,2
Quatre ablations successives (2e, 3e, 4e et 5e paire de feuilles jeunes)	15	2,9 ± 0,3	2,7 ± 0,4	(-) 2,0 ± 0,2	(-) 1,8 ± 0,3	(-) 1,9 ± 0,4	(-) 1,8 ± 0,2
Effeuillage aux ¾ de la 2e paire de feuilles jeunes	21	2,9 ± 0,2	2,5 ± 0,3	(-) 2,0 ± 0,3	2,8 ± 0,3		

E.N., entre-nœud selon le numéro d'ordre ; E.N.1, entre-nœud n°1 au-dessus des cotylédons C ; E.N.2, entre-nœud n°2 au-dessus de la 1ère paire de feuilles (F1) ; E.N.3, entre-noeud N°3 au-dessus de la 2ème paire (F2) ; E.N.4 entre-nœud N°4 au-dessus de la 3ème paire (F3) ; E.N. 5, entre-nœud N°5 au-dessus de la 4ème paire (F4) ; E.N.6, entre-nœud n°6 au dessus de la 5ème paire de feuilles (F5). Les feuilles supprimées totalement ou partiellement sont représentées parle signe (-).

Nous avons donc voulu connaître les différentes étapes de l'effet inhibiteur des feuilles et préciser si les arrêts successifs au cours de l'allongement sont de simples inhibitions ou de véritables dormances. Nous appelons dormance du bourgeon, une inaptitude interne à ce bourgeon à produire des feuilles et à croître. A l'opposé, l'inhibition est toute cause extérieure au bourgeon ne permettant pas sa croissance. Cette inhibition est levée quand l'agent inhibiteur (extérieur à l'organisme intéressé) est supprimé. Ces définitions ont été précisées auparavant par Come (1967, 1970). Des tests existent pour évaluer la dormance des bourgeons (Nigond, 1967 ; Lavarenne et al. 1982).

3) Installation de la dormance au cours de la croissance rythmique du *Gnetum* (Mialoundama et al. 1984)

Chez les végétaux à croissance rythmique, l'organogenèse au niveau du bourgeon terminal est tout à fait différente pendant l'arrêt de la croissance ; elle est stoppée chez le *Gnetum* (Mialoundama 1980) mais se poursuit encore chez le chêne (Payan, 1982). Ce repos est donc soit apparent, soit réel (Champagnat, 1983 c).

Inhibition foliaire et installation de la dormance

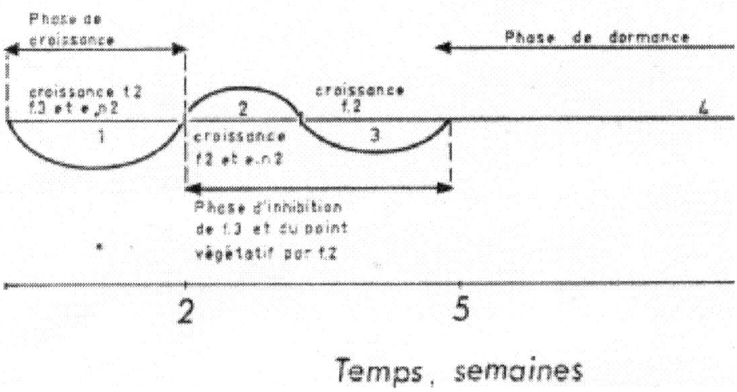

Figure 13 : Schéma représentant les phases de croissance, d'inhibition et de dormance chez le *Gnetum africanum.* Au cours du stade 1 a lieu la croissance des jeunes feuilles (f2, Fig.12b), de primordiums foliaires (f3, Fig. 12b,c) et de l'entre-nœud sous-jacent aux jeunes feuilles f2 (Fig.12). Durant le stade 2, les feuilles (f2) et l'entre-nœud sous-jacent s'allongent et au stade 3, seules les feuilles croissent. Ces feuilles jeunes exercent une inhibition prolongée sur le bourgeon terminal puis la dormance s'installe (stade 4).Phase de dorm.= Phase de dormance (stade 4)

La figue 13 permet de préciser les phases de croissance, d'inhibition et de dormance. Sur cette figure, le stade 1 est le temps de croissance des ébauches foliaires (f2), des primodiums foliaires (f3) récemment initiés ainsi que l'entre-nœud sous-jacent aux ébauches (fig. 12 b) ; Ce stade dure en moyenne 15 jours et par la suite se succèdent les stades 2 et 3 correspondant à la phase d'inhibition de nouvelles ébauches foliaires (f3) et du point végétatif par les feuilles épanouies (f2). La durée moyenne des stades 2 et 3 (fig. 13) est respectivement de 10 jours et de 12 jours ; au cours du stade 2, les feuilles (f2) et l'entre-nœud sous-jacent poursuivent leur croissance et au stade 3, seules les feuilles (f2) s'allongent. En effet, les feuilles épanouies exercent une action régulatrice sur le bourgeon terminal de *Gnetum* et sont responsables de la croissance rythmique. Si les feuilles jeunes sont totalement sectionnées, la néoformation des primordiums foliaires (f4) est aussitôt amorcée et la croissance des précédents primordiums reprend. Les stades 3 et 4 (fig.13) sont alors supprimés et la croissance en longueur de l'axe principal devient continue (fig.11). Si les feuilles sont sectionnées régulièrement au fur et à mesure qu'elles apparaissent, l'installation de la dormance est donc supprimée. Si les feuilles épanouies sont maintenues intactes, elles inhibent les nouvelles ébauches (f3) et le point végétatif. Il s'ensuit un arrêt de croissance de ces ébauches et l'initiation d'autres primordiums n'intervient qu'après un repos. L'examen histologique du bourgeon (fig. 12 a, photo 1) au cours de l'arrêt montre que toute organogenèse est stoppée après une phase d'inhibition prolongée par les feuilles épanouies. L'installation de cette dormance coïncide avec la fin de la croissance en longueur et en largeur des feuilles (f2). La durée de cette dormance varie avec les conditions de culture des plantes. L'induction de l'arrêt peut être obtenue aussi par des traitements avec les régulateurs de croissance.

Induction de la dormance par des régulateurs de croissance

Nous savons déjà que les feuilles jeunes chez *Gnetum* inhibent le bourgeon terminal. Leur ablation permet de lever cette inhibition comme le montre le tableau 18. L'effet d'ablation foliaire peut être supprimé par l'application d'acide abscissique. L'action de ce dernier est d'autant plus marquée que la concentration est plus élevée. Ainsi, les concentrations 0,02 g/l et 0,2 g/l d'acide abscissique restaurent l'inhibition avec un maximum d'efficacité pour la concentration la plus élevée. Une application de cette dernière concentration permet de retarder le plastochrone apparent des plantes traitées. Deux applications successives accroissent l'efficacité du traitement. Les plantes sectionnées et traitées tous les deux jours avec une solution à 0,2 g/l d'acide abscissique pendant un mois présentent un plastochrone apparent comparable aux plantes témoins ayant conservé leurs feuilles (tableau 18). Ce traitement prolongé fait suite à un arrêt de croissance persistant, véritable dormance. Des résultats analogues sont obtenus avec l'acide indoleacétique : l'action d'une solution exogène d'auxine chez *Gnetum* après ablation des feuilles jeunes révèle des effets inhibiteurs variant avec la concentration de la solution. Un traitement prolongé avec une solution à 0,5 g/l provoque l'arrêt de croissance (tableau 18) alors que la concentration 0,005 g/l retarde seulement le dégagement des feuilles.

Tableau 18 : Variation du plastochrone apparent en fonction des traitements par l'acide abscissique (ABA) et l'acide indoleacétique (AIA) (20 plantes au stade 2 paires de feuilles pour chaque traitement)

Nature du traitement	Durée du plastochrone	% des plantes avec la 3ème paire de feuilles
Témoins (aucune ablation)	4 mois	100 %
1 ablation (2ème paire de feuilles jeunes, ablation après 15 jours d'apparition)	22 jours	100 %
Idem + trempage dans le solvant (solution aqueuse)	22 jours	90 %
Idem + trempage dans une solution d'ABA (0,2g/l) 1 fois pendant 1 mn	29 jours	50 %
Idem + trempage dans une solution d'ABA (0,2g/l) 2 fois pendant 1 mn	29 jours	25 %
Idem + trempage dans une solution d'ABA (0,2g/l) 15 fois pendant 1 mn	4 mois 15 jours	80 %
Idem + trempage dans une solution d'ABA (0,02g/l) 15 fois pendant 1 mn	1 mois 15 jours	40 %
Idem + trempage dans une solution d'AIA (0,005g/l) 15 fois pendant 1 mn	29 jours	50 %
Idem + trempage dans une solution d'AIA (0,5g/l) 15 fois pendant 1 mn	4 mois	90 %

Chez le *Gnetum africanum*, les feuilles jeunes inhibent le bourgeon terminal et après l'inhibition prolongée s'installe la dormance. La phase d'inhibition coïncide avec le temps de croissance des feuilles et quand cette dernière s'achève, la dormance commence. Le problème se pose alors de savoir si l'état dormant affecte tous les bourgeons de l'axe principal ou non et si l'aptitude à l'enracinement des organes varie avec les phases de croissance et de dormance.

III) Etude de quelques facteurs trophiques au cours de la croissance rythmique

1) Etude histologique de la vascularisation du bourgeon terminal au cours de la croissance rythmique

(Mialoundama et Paulet, 1986).

La présente étude se propose de préciser les modalités de la vascularisation dans le bourgeon terminal de l'axe principal et dans celui du rameau volubile.

Procambium et différençiation vasculaire au cours du fonctionnement rythmé du point végétatif de l'axe principal

Chez le *Gnetum africanum*, le dégagement foliaire est rythmé par le fonctionnement du méristème latéral. Au cours du plastochrone, les dimensions du dôme apical passent du simple au double. En effet, la hauteur et le diamètre de l'apex sont respectivement en moyenne 50 et 90 µm en période de dormance ; en période d'activités, ses dimensions augmentent progressivement (fig.14) jusqu'à atteindre leur maximum peu de temps avant que les primordiums ne soient visibles ; les mesures effectuées à cette phase montrent que la hauteur moyenne du dôme apical est alors de 120 µm et 200 µm pour le diamètre. 7 jours après la production foliaire, les dimensions de l'apex sont en moyenne de 40 µm pour la hauteur et 80 µm pour le diamètre ; 15 jours après, elles deviennent équivalentes à ce qu'elles étaient pendant la dormance (fig. 14).

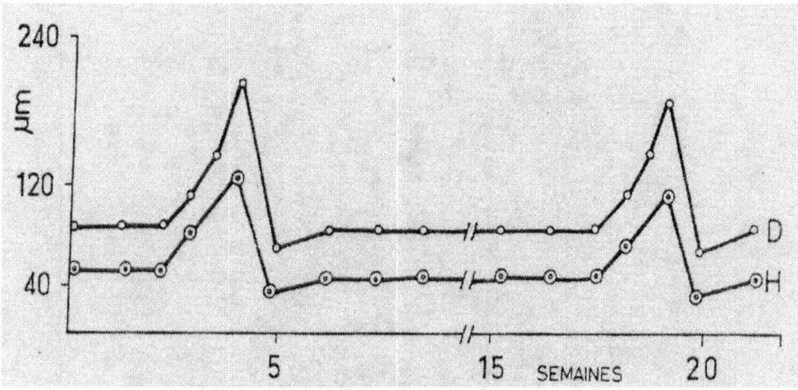

Figure 14 : Variations du diamètre et de la hauteur de l'apex au cours d'un plastochrone chez le *Gnetum africanum*. D : diamètre ; H : hauteur.

Dès la formation des initiums, nous avons noté la présence d'un procambium à la base de ces ébauches. Durant tout l'arrêt de croissance, ce procambium reste stationnaire et les primordiums foliaires ne sont point vascularisés (photo 1). A la reprise d'activité du point végétatif, le procambium se différencie en faisceaux conducteurs (photo 2a et 2b) par voie bidirectionnelle, d'une part du côté du limbe, de façon acropète, et d'autre part de façon basipète ; il rejoindra le cordon vasculaire situé beaucoup plus bas. Simultanément à la différenciation vasculaire et à sa progression dans le limbe, il y a croissance de jeunes feuilles et de nouvelles ébauches se forment. L'édification de ces dernières et leur différenciation vasculaire se produisent d'une façon rythmique.

1 2a

3 2b

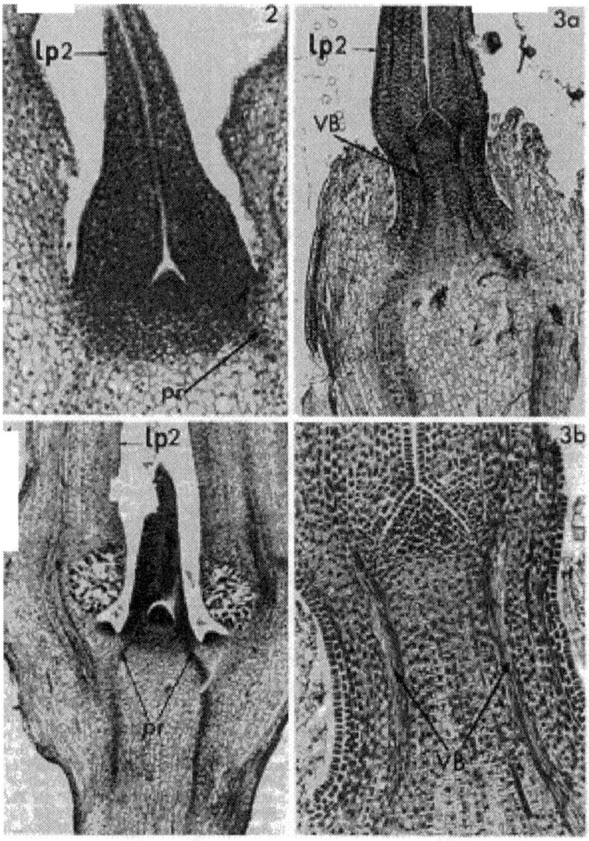

Photos 1-3 : Bourgeon terminal de l'axe principal du *Gnetum* présentant ; 1 : la paire de primordiums foliaires (lp2) durant le temps de dormance, avec à sa base le procambium (pr) (x 100) ; 2a : la paire de primordiums foliaires (lp2) à la reprise de croissance. Noter la différenciation vasculaire (v) dans les feuilles jeunes et dans l'entre-nœud sous-jacent (x 40); 2b : Détails de vaisseaux conducteurs (V) (x 100); 3 : Effet de l'ablation des feuilles jeunes sur la vascularisation. Deux jours après l'ablation des feuilles en croissance, le procambium est très visible à la base des primordiums (x 40).

Effets de l'ablation des feuilles jeunes et du traitement prolongé par l'acide abscissique sur la différenciation vasculaire.

La différenciation vasculaire et le dégagement des primordiums foliaires sont concomitants. Le rythme de ces deux phénomènes peut être accéléré par l'ablation des feuilles jeunes en croissance (fig.15). Deux jours après leur ablation, le cordon procambial à la base des ébauches est bien net (photo 3) et 7 jours après, il est différencié en faisceaux conducteurs. Parallèlement, l'entre-nœud sous-jacent s'allonge et l'extrémité des jeunes feuilles devient visible. Après la levée d'inhibition par l'ablation des feuilles jeunes, un traitement exogène prolongé par de l'acide abscissique, empêche la différenciation vasculaire et restaure l'inhibition. Ceci nous a conduits à examiner le comportement du bourgeon terminal de l'axe lianescent (à croissance continue).

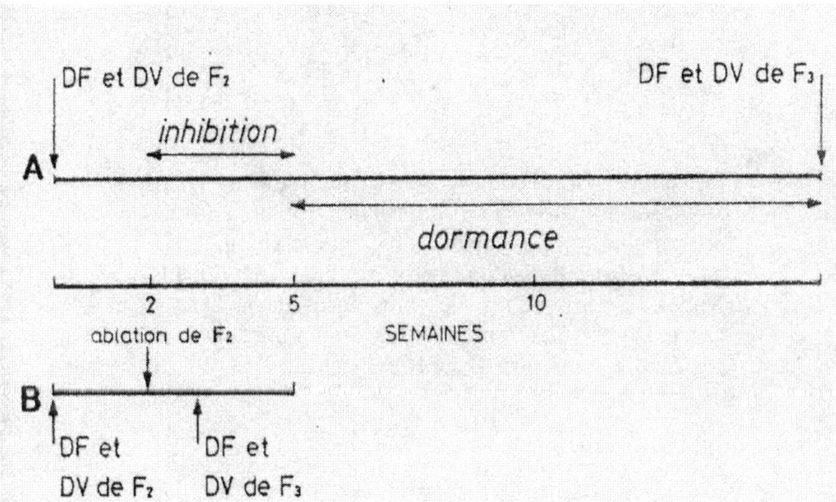

Figure 15 : Effet de l'ablation des feuilles jeunes sur le rythme de dégagement des feuilles (DF) et sur le rythme de leur différenciation vasculaire (DV).

(A) : Les phases d'activité du bourgeon terminal alternent avec les phases d'inhibition et de dormance, chez les plantes témoins. Les primordiums foliaires nouvellement formés restent inchangés durant les phases d'inhibition et de dormance. Le procambium est déjà visible; il va se différencier en vaisseaux à la reprise d'allongement.

(B) : L'ablation de feuilles jeunes accèlère le rythme d'émergence foliaire ainsi que la différenciation vasculaire. 7 jours après l'ablation, le procambium est déjà différencié en vaisseaux, parallèlement l'entre-nœud et les primordiums s'allongent et leur extrémité devient visible.

4a **4b**

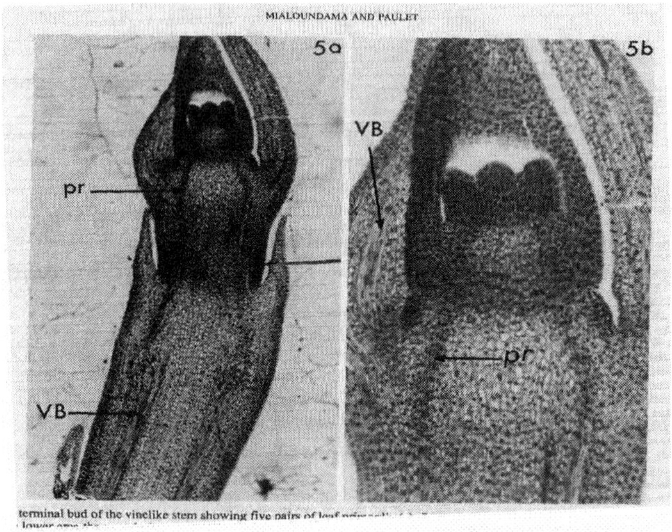

Photo 4 : Bourgeon terminal du rameau volubile montrant 5 paires de primordiums foliaires (4a). Le procambium (pr) est bien visible vers le sommet et à la base, la vascularisation (vb) est bien individualisée. Seules les trois paires les plus âgées de la base sont vascularisées. Les 2 plus jeunes du sommet ne le sont pas encore. 4a (x 40); 4b (x 100).

2) Comparaison des différenciations vasculaires dans des bourgeons terminaux de l'axe principal et de l'axe volubile.

L'examen des photos 1 et 4 montre que le bourgeon terminal de l'axe principal porte une paire de primordiums foliaires et que celui de l'axe volubile en porte 4 à 5 (photo 4) ; les 3 premières plus âgées sont déjà vascularisées, les 2 autres, plus proches de l'apex, ne le sont pas encore. Quant à la vascularisation de l'axe, elle est nette (photo 4) sur la portion où sont insérées les 3 paires du bas et au-delà, seul le procambium est bien visible.

Conclusion

Les modalités de la différenciation vasculaire des ébauches sont différentes selon l'axe considéré. Cette différenciation ne s'amorce dans les ébauches de l'axe principal que lorsque celles-ci se dégagent du bourgeon terminal, comme nous l'avons décrit plus haut (Photo 2) ; au contraire, dans le bourgeon terminal du rameau volubile qui en porte 4 à 5 paires, les ébauches les plus âgées sont déjà vascularisées et les plus jeunes ne le sont pas encore. Il apparaît donc que la différenciation vasculaire chez le *Gnetum* est en corrélation avec le mode de croissance de l'axe considéré et ici, la présence ou l'absence de feuilles assimilatrices est en corrélations avec la différenciation vasculaire des primordiums foliaires.

Références bibliographiques

BAILLAUD, L. 1967. Un rythme circadien du développement des feuilles et sa régulation par l'alternance des jours et des nuits. *Bull. Soc. Bot. Fr.*, Paris, *Mém.* 217-227.

CHAMPAGNAT, P. 1983. Quelques réflexions sur la dormance des bourgeons des végétaux ligneux. *Physiol. Vég.* 21, 607 – 618.

CÔME, D. 1967. L'inhibition de germination de graines de pommier (*Pirus malus L.*) non dormantes. Rôle possible des phénols tégumentaires. *Ann. Sci. Nat. Bot.* VIII, 371 – 478.

CÔME, D. 1970. Les obstacles à la germination. Masson et cie, éd. Paris, 160p.

COURTOT, Y. 1955. Croissance d'une tige volubile de *Mandevillea suaveolens* Lindl. *Ann. Sci. Univ.* Besançon, 2e sér. Bot. 6, 45 – 50

LAVARENNE, S. CHAMPCIAUX, P. BARNOLA, P. et GENDRAUD, M. 1982. Métabolisme des nucléotides et dormance des bourgeons chez le Frêne. *Physiol. Vég.* 20, 371 - 376.

MIALOUNDAMA, F. 1979. Influence des feuilles sur la croissance en longueur de la tige chez *Gnetum africanum* Welw. *C.R. Acad. Sci.* Paris, 288, 603 – 606.

MIALOUNDAMA, F. 1980. Action régulatrice des feuilles sur l'activité morphogénétique du bourgeon terminal chez *Gnetum africanum* Welw. C.R. Acad. Sci Paris, 291, 509 – 512.

MIALOUNDAMA, F. 1985. Etude de la croissance rythmique chez *Gnetum africanum* Welw. Thèse de Doctorat d'Etat ès Sciences Naturelles, Université d'Orléans, 156p.

MIALOUNDAMA, F. LAUZAC, M. et PAULET, P. 1984. The periodic induction of dormancy during the rhythmic growth of *Gnetum africanum. Physiol. Plant.* 61, 309 - 313.

MIALOUNDAMA, F. et PAULET, P. 1986. Regulation of vascular differenciation in leaf primordia during the rhythmic growth of *Gnetum africanum. Can. J. Bot.* 64, 208 -213.

MIGINIAC, E. 1975. Influence du système racinaire sur la morphogenèse des organes aériens et la floraison. *Compte rendu du Groupe d'Etude des Racines ; Grenoble, 40 – 47.*

MILLET, B. 1970. Analyse des rythmes de croissance de la fève (*Vicia faba L.*). Thèse Doctorat d'Etat. Besançon, 132 p.

MULLINS, M.G. 1967. Morphogenetic effects of roots and of some synthetic cytokinins in *Vitis vinifera* L. *J. Exp. Bot.* 18, 206 - 214 p.

NIGOND, J. 1967. Recherche sur la dormance des bourgeons de la Vigne. Thèse Doctorat d'Etat. Paris VI, 170 p.

PAYAN, F. 1982 Contribution à l'étude de la croissance rythmique chez de jeunes Chênes pédonculés (*Quercus pedunculata* Ehrh). Thèse 3ème cycle, Clermont-Ferrand. 102 p.

SMITH, D.L. 1969. The role of leaves and roots in control of inflorescence development in *Carex*. *Ann. Bot*. 33, 505-514.

WAREING, P. F., KHALIFA, M.M. et TREHARNE, K.J. 1968. Rate limiting processes in photosynthesis at saturating light intensities. *Nature*, 220, 453 - 457.

CHAPITRE 5 : MULTIPLICATION VEGETATIVE CHEZ LE *GNETUM AFRICANUM*

Fidèle Mialoundama

Introduction

Au Congo, la consommation moyenne de feuilles de *Gnetum* a été évaluée à 2 g par individu et par jour (Mialoundama, 1985), ce qui représente un total de prélèvement sur le milieu naturel qui pourrait constituer une menace pour les espèces spontanées du genre *Gnetum*. Dans certaines régions du Congo, le *Gnetum* a complètement disparu. Il devient donc urgent de procéder à la mise en culture de cette plante. Les résultats acquis précédemment permettent de l'envisager (Mialoundama, 1979, 1980 ; 1985 ; Mialoundama et Paulet, 1985 ; Mialoundama et al. 1984).

En effet, le *Gnetum* est une plante dioïque portant les organes de reproduction au sommet des axes d'ordre 3. Lorsque les graines sont libérées par la plante-mère, les embryons ne sont pas morphologiquement mûrs (Gaussen, 1963). Ils n'acquièrent l'aptitude à germer qu'après une longue période au sol qui pcut atteindre un an (Martens, 1971 ; Mialoundama, 1985). Le délai de germination est donc particulièrement long. Il en est de même chez les conifères (Woltz, 1986). Dans le présent chapitre, nous présentons les résultats acquis sur la multiplication végétative par bouturage de différents organes de *Gnetum*. L'étude de l'enracinement des boutures est réalisée dans des mini-serres BHR des Etablissements Puteaux. Ces mini-serres sont remplies de terre noire prélevée dans l'enceinte de la Faculté des Sciences. Avant repiquage des boutures, cette terre est arrosée avec l'eau du robinet de telle sorte que le taux d'humidité dans la mini-serre soit maintenu à un niveau très élevé. Différents organes sont étudiés. Il s'agit des :

- Boutures apicales, incluant l'apex de l'axe principal de la « forme juvénile » et comprenant soit, 1 paire, 2 paires, 3 paires de feuilles coupées de moitié, soit débarrassées de feuilles,
- Boutures basales incluant les nœuds de la base de l'axe principal de la « forme juvénile » à l'exception de l'apex et du nœud proche de l'apex et comprenant soit, 1 paire, 2 paires, 3 paires de feuilles coupées de moitié, soit débarrassées de feuilles,
- Boutures de liane avec 1 nœud, avec ou sans feuilles.

Les boutures apicales et basales étaient pour la plupart prélevées sur des plantes au repos mais quelques-unes d'entre elles étaient issues des plantes en cours de croissance. L'acide β-indolylbutyrique (AIB) en poudre est appliqué à la concentration de 0,5 % autour de la base de la bouture. Cette dernière est ensuite introduite dans l'enceinte de bouturage (mini-serre BHR).

1) Aptitude au bouturage

(Mialoundama, 1985, 2002)

L'examen du tableau 19 montre qu'après un mois d'expérimentation, plus de la moitié des boutures feuillées s'enracinent et après 2 mois, la presque totalité d'entre elles ont produit des racines (tableau 19).

Tableau 19 : Aptitude à l'enracinement des boutures en fonction du temps (longueur des racines exprimée en mm). BR : nombre de boutures avec racines ; L : longueur moyenne de racines ; R : nombre moyen de racines par bouture

Type de boutures / Temps en jours	Boutures apicales sans feuilles			Boutures apicales avec 1 paire de feuilles			Boutures basales avec 1 paire de feuilles			Bouture de feuilles		
	R	L	BR	R	L	BR	R	L	BR	R	L	BR
1 mois				1,6 ± 0,7	1,5 ± 0,9	10 sur 13	2,2 ± 0,7	1,2 ± 0,9	12 sur 15	1,2 ± 0,65	1,9 ± 1	10 sur 18
1mois1 semaine	0,1 ± 0,08	0,7 ± 0,6	2 sur12	2,4 ± 0,8	1,8 ± 0,4	12 sur 13	3,1 ± 0,7	1,7 ± 0,9	12 sur 15	1,3± 0,65	2,6 ± 1,3	11 sur 18
1 mois 2 semaines	0,1 ± 0,08	0,7 ± 0,6	2 sur 12	3,5 ± 0,7	2,8 ± 1,3	13 sur 13	3,7 ± 0,8	2,1 ± 0,1	13 sur 14	1,8± 0,67	3,1 ± 1,9	14 sur 18
1 mois 3 semaines	0,3± 0,07	1,3 ± 0,9	4 sur 12	4 ± 0,7	3,8 ± 1,3	13 sur 13	4,1± 0,9	3,5 ± 0,3	14 sur 14	2,2± 0,65	4,6 ± 1,3	15 sur 18
2 mois	1 ± 0,6	0,9 ± 07	7 sur 12	4,4± 0,7	5,3 ± 1,8	13 sur 13	5,2± 0,6	5,1 ± 0,5	14 sur 14	2,5± 0,65	0,67 ± 6,4	16 sur 18
3 mois	1,3 ± 0,7	1,6 ± 1	9 sur 12	4,8± 0,6	9,4 ± 1,9	13 sur 13	5,6± 0,6	9,2 ± 0,5	14 sur 14	2,9 ± 0,5	10,3 ± 2	18 sur 18

2) Effet des feuilles sur l'enracinement des boutures

Le taux moyen de racines par bouture a d'ailleurs atteint son maximum très tôt tandis que leur croissance en longueur se poursuit encore (tableau19). Parallèlement, les boutures débarrassées de feuilles n'ont formé aucune racine après un mois d'expérimentation et après ce temps, certaines d'entres elles ont présenté des feuilles, consécutives à la levée d'inhibition des bourgeons axillaires des boutures. Ces dernières ont été d'ailleurs les seules à s'enraciner et le nombre moyen de racines par bouture est demeuré très faible même au-delà de 2 mois, leur longueur moyenne est aussi restée insignifiante (tableau 19). Ces résultats sont identiques à ceux obtenus avec les boutures de liane avec 1 nœud sans feuilles, les boutures d'entre-nœuds de liane et les boutures basales avec 3 nœuds débarrassées de feuilles. Toutes ces boutures sans exception n'ont formé de racines qu'après un mois et dans tous les cas, après néoformation des feuilles à l'extrémité des boutures d'entre-nœuds et levée d'inhibition des bourgeons axillaires pour les boutures comportant au moins un nœud. Jusqu'à 2 mois, le nombre moyen de racines par bouture est resté insignifiant en comparaison aux boutures avec des feuilles (tableau 20).

Tableau 20 : Effet des feuilles sur l'intensité de l'enracinement des boutures.
Nombre de boutures pour chaque expérience : 12.
Les racines apparues sont dénombrées après 2 mois
(Longueur des racines exprimée en mm)

Qualité des boutures	Type de boutures	Nombre moyen de racines par bouture	Longueur moyenne de racines
Boutures débarrassées de feuilles	Boutures de liane avec 1 nœud sans feuilles	0,76 ± 0,5	1,2 ± 0,7
	Boutures d'entre-nœuds de liane	1,2 ± 0,85	3,3 ± 2
	Boutures basales avec 3 nœuds débarrassés de feuilles	1 ± 0,6	1,3 ± 0,6
Boutures avec feuilles	Boutures de liane à 1 noeud portant de feuilles	4,3 ± 1	8,9 ± 3
	Boutures apicales avec 1 paire de feuilles coupées de moitié	4,4 ± 0,7	5,3 ± 2
	Boutures basales avec 1 paire de feuilles coupées de moitié	5,2± 0,6	5,1 ± 3
	Boutures apicales avec 2 paires de feuilles coupées de moitié	6 ± 1	14,7 ± 5
	Boutures apicales avec 3 paires de feuilles coupées de moitié	6,4 ± 2	17,8 ± 6

L'examen de ce tableau laisse apparaître que le nombre de feuilles sur les boutures influent sur le nombre de racines apparues et particulièrement sur leur longueur (tableau 20). La présence des feuilles sur les boutures s'avère donc nécessaire pour un meilleur enracinement et un nombre élevé de racines néoformées. Par ailleurs, l'étude de l'influence du stade de développement des plantes sur l'aptitude à l'enracinement des boutures a montré que ces dernières, qu'elles proviennent des plantes en cours de croissance ou au repos, s'enracinent de façon identique (tableau 21).
La position de la bouture sur la plante ne semble pas non plus influer sur l'aptitude à l'enracinement. En effet, les boutures dites apicales et basales issues de différentes plantes produisent un nombre moyen de racines équivalent. (tableau 21).

Tableau 21 : Influence de l'état de développement des plantes sur l'aptitude à l'enracinement des boutures. Nombre de boutures pour chaque expérience : 12; Les racines apparues sont dénombrées après 2 mois

Stade de dévelop-pement	Type de boutures	Nombre moyen de racines par bouture	Longueur moyenne des racines (en mm)	Nombre de boutures avec racines
Plantes en croissance	Boutures apicales avec 2 paires de feuilles dont 1 terminale en croissance	4,3 ± 0,8	5,9 ± 3	12 sur 12
	Boutures basales avec 3 paires de feuilles	6,1 ± 1	7,8 ± 4	12 sur 12
	Boutures apicales avec 2 paires de feuilles dont 1 terminale en croissance + AIB 0,5 %	4,1± 0,7	7,6 ± 2	11 sur 12
	Boutures basales avec 3 paires de feuilles + AIB 0,5 %	4,2 ± 0,8	7,8 ± 3	11 sur 12
Plantes au repos	Boutures apicales avec 2 paires de feuilles	6 ± 1	14,5 ± 5	11 sur 12
	Boutures basales avec 3 paires de feuilles	5,1 ± 0,9	9,6 ± 3	12 sur 12
	Boutures apicales avec 2 paires de feuilles + AIB 0,5 %	4,5 ± 0,6	11,3 ± 4	12 sur 12
	Boutures basales avec 3 paires de feuilles + AIB 0,5 %	4 ± 0,5	11,7 ± 5	12 sur 12

Par contre, la longueur moyenne de ces racines apparaît beaucoup plus importante sur les boutures issues de plantes au repos que sur celles des plantes en croissance. De même, le traitement auxinique des boutures avec l'AIB n'augmente pas le nombre et la longueur des racines apparues. Tous ces résultats montrent que chez le *Gnetum*, toutes les boutures s'enracinent quelle que soit leur origine mais le système racinaire formé est fonction de la nature des boutures. Les boutures avec feuilles et surtout celles qui en ont 2 ou 3 conviennent le mieux. Elles produisent

un système racinaire capable de supporter la transplantation.
Mises dans des mini-serres, de telles boutures donnent 2 à 3 mois plus tard, des plantes viables aptes à être repiquées dans des pots ou dans le sol.

3) Discussion et conclusion

Le *Gnetum africanum* Welw. peut être multiplié de façon végétative par bouturage (Mialoundama, 1985). Les boutures munies de feuilles assimilatrices sont les seules à s'enraciner ; le taux d'enracinement est très élevé, il est de l'ordre de 90 à 100 % dans un délai de 1 à 2 mois. Parmi les boutures enracinées capables de donner des plantes viables, figurent les boutures de feuilles, les boutures d'axes dressés munies d'une paire, 2 paires ou 3 paires de feuilles coupées de moitié et les boutures issues du rameau volubile avec 1 nœud d'axes feuillés. Par contre, toutes les boutures dépourvues de feuilles ne sont pas aptes à s'enraciner. Le facteur le plus important pour la réussite du bouturage reste donc la présence de feuilles assimilatrices sur la bouture. La feuille, nous le savons a un rôle assimilateur et la nutrition carbonée influence considérablement la rhizogenèse. Dick et Dewar (1992) ont développé un modèle mécanistique sur le Samba reliant l'enracinement à la teneur en hydrates de carbone. Au cours de nos travaux, les boutures initialement sans feuilles et qui en développent par la suite, soit par néoformation pour les boutures d'entre-nœuds soit par levée d'inhibition des bourgeons pour les boutures avec nœud, acquièrent par la même occasion l'aptitude à s'enraciner. Le nombre de feuilles sur la bouture influent sur le nombre de racines apparues et particulièrement sur leur longueur. Ceci semble aussi dépendre du stade de développement des plantes. Si ces dernières sont en cours de croissance, la longueur moyenne des racines formées par les boutures qui en sont issues est modérée et elle est plus importante si les plantes mères sont au repos.

Ceci pourrait s'inscrire dans le cadre des relations « sources-puits ». En effet, les organes en croissance peuvent être considérés comme des « puits », importateurs et les feuilles âgées ayant achevé leur croissance sont des « sources ». Selon Hartmann et al. (1998), un organe « puits » est un élément absorbant qui détournera les métabolites à son profit au détriment d'autres organes et les organes « sources » sont producteurs et exportateurs. Par ailleurs, le traitement auxinique par l'AIB n'a pas amélioré l'enracinement des boutures feuillées alors que ce composé est généralement utilisé pour favoriser la réussite de différentes techniques de multiplication végétative par bouturage (Longman et Leakey, 1995, Shiembo et al., 1996) et par marcottage du safoutier (Mialoundama et al., 2001), du goyavier (Majumdar et Mukherje, 1968) et du manguier (Mertia, 1968). Nous n'avons pas non plus décelé un effet significatif par rapport à la position d'origine des boutures sur le pied-mère alors que chez certaines espèces végétales comme le SAMBA (*Triplochiton scleroxylon*), ce facteur influe sur le bouturage (Longman et Leakey, 1995). Dans tous les cas, les boutures avec feuilles aptes à s'enraciner conviennent le mieux pour la reproduction de cette plante. Ainsi que nous l'avions déjà affirmé (Mialoundama, 1985), la domestication du genre *Gnetum* est possible. La mise en culture s'impose pour la préserver de la disparition.

Références bibliographiques

BUSSON, F. 1965. *Les plantes alimentaires de l'Ouest africain. Etude botanique, biologique et chimique* p. 97 – 99. Ed. Leconte. Marseille.

CHEVALIER, A. 1951. *Plantes remarquables observées en Afrique équatoriale à l'état vivant au cours d'un voyage* en 1950-1951. *Revue Internationale de Botanique Appliquée et d'Agriculture Tropicale*, 31, 265 - 270

DICK, JMCP et DEWAR, R.C. 1992. A sample mechanistic model for the role of carbohydrates in the process of adventitious root formation in cuttings. *Ann. Bot.* 70, 371 – 377.

GAUSSEN, H. 1963. *Les Gymnospermes. In Précis des* Sciences biologiques publiés sous la direction du Pr P. P. GRASSE – Botanique pp. 640 – 643. Ed. Masson et cie. - Paris.

HARTMANN, C. Joseph, C. et MILLET, B. 1998. Biologie et physiologie de la plante. *Age chronologique, âge physiologique et activités rythmiques*. Ed NATHAN. Paris 224 p.

HLADIK, A. et HLADIK, C.M. 1995. RCA, forêt de Ngotto : Les produits forestiers, des ressources à développer. Canopée, *Bulletin Trimestrielle de l'Environnement en Afrique Centrale*, 4, 7 – 8.

LONGMAN, K.A. et LEAKEY, R.R.B. 1995. La « domestication » du Samba. L'expérience écossaise. *Ann. Sci.* For. 52, 43 – 56.

MAHESHWARI, P et VASIL, v. 1961. *Gnetum Botanical Monograph* n°1, pp 123 – 124 *New Delhi : Counc. Sc.i Ind. Res.*

MAJUMDAR, P. et MUKHERJEE, S. 1968. Guava, a new vegetative propagation method INHOA – New Delhi. Vol. 12, n°2, 11 – 35.

MARTENS, P. 1971. Traité d'anatomie végétale. Les Gnétophytes. XII, 2, 295p. Gebrüder, Borntraeger – Berlin.

MERTIA, R. 1968. Influence of concentration of indole 3-butyric on the performance of air-layers in three varieties of mango (*Mangifera indica* L.) P.B.A.B.A. New Delhi. Vol. 38, n°3, 646.

MIALOUNDAMA, F. 1979. Influence des feuilles sur la croissance en longueur de la tige chez *Gnetum africanum* Welw *C.R. Acad. Sci.* Paris, 288, 603 - 606.

MIALOUNDAMA, F. 1980. Action régulatrice des feuilles sur l'activité morphogénétique du bourgeon terminal chez *Gnetum africanum* Welw. *C.R. Acad. Sci.*_Paris, 291, 509 - 512.

MIALOUNDAMA, F. 1985. Etude de la croissance rythmique chez le *Gnetum africanum* Welw. Thèse de Doctorat d'Etat ès Sciences Naturelles, Université d'Orléans, 156p.

MIALOUNDAMA, F. LAUZAC, M ; et PAULET, P. 1984. The periodic induction of dormancy during the rhythmic grouwth of *Gnetum africanum. Physiol. Plant.* 61, 309 - 313.

MIALOUNDAMA, F. et PAULET, P. 1985. Développement et rythme d'émergence foliaire chez *Gnetum africanum* Welw. en relation avec la photopériode et les propriétés du rayonnement. *Acta Oecologica, Oecol. Plant.*Vol. 6 (20) n°3, 309 - 318.

MIALOUNDAMA, F.et PAULET; P. 1986. Regulation of vascular differenciation in leaf primordia during the rhythmic growth of *Gnetum africanum. Can. J. of Bot*, 64, 208 - 213.

MIALOUNDAMA, F., P.C. MAMPOUYA et GALAMO, G.R. 2001. Optimisation des conditions de marcottage du Safoutier (*Dacryodes edulis* « G. Don » H.J. Lam). *Cahiers Agricultures,* 10, 335 – 338.

NDOYE, O. et RUIZ-PEREZ, M. 1999. Commerce transfrontalier et intégration régionale en Afrique Centrale : Cas des produits forestiers non ligneux. *Bulletin Arbres, Forêts et Communautés Rurales*, 17, 4 – 12.

SHIEMBO, P.N. NEWTON, A.C. et LEAKEY, R.R.B. 1996. Vegetative propagation of *Gnetum africanum* WelW. A leafy vegetable from West africa. *Journal of Horticultural Science*, 71(1), 149 – 155.

WOLTZ, P. 1986. Les *Podocarpus*, Origines et évolution. Etude des plantules ; comparaison avec les familles de conifères de l'hémisphère Sud. Thèse de Doctorat d'Etat ès Sciences naturelles, Université de Marseille, 190 p.

CHAPITRE 6 : DOMESTICATION DU *GNETUM*

Fidèle Mialoundama

Les plantes cultivées actuellement ont pour ancêtres des espèces sauvages que l'homme a su améliorer au cours du temps. Après une exploitation raisonnée des produits de cueillette et une acclimatation qui a débuté par le « Jardin de case », l'homme a retenu les plantes qui se sont adaptées et il les a perpétuées soit par multiplication végétative, soit par reproduction sexuée. L'homme et particulièrement la ménagère a entretenu de plus en plus ces cultures en désherbant et en leur apportant des ordures. Des variétés beaucoup plus productives et de qualité meilleure ont fait leur apparition dans les plantations. Elles ont été à leur tour multipliées puis fixées. Aujourd'hui, l'amélioration génétique des plantes se fixe pour objectifs l'accroissement de la production et la recherche de la qualité. Elle se préoccupe aussi de la sélection des variétés résistantes aux maladies et à certaines conditions climatiques telles que la résistance à la sécheresse ou au froid. La méthode utilisée est généralement le croisement contrôlé entre les variétés portant des caractères complémentaires. On obtient ainsi une descendance hybride. C'est le cas des hybrides de première génération (F1) qui rassemblent des caractères des deux parents. Les individus les plus intéressants peuvent être reproduits par voie végétative à plus ou moins grande échelle. Pour une plante donnée, les critères de sélection varient souvent avec les pays et ils sont fonction des problèmes rencontrés.

Ces derniers évoluent également avec le temps. Les premiers agriculteurs ont très peu modifié les plantes sauvages qu'ils ont domestiquées (Combes,1980). Actuellement par exemple, on se préoccupe de transférer d'une variété à une autre de « bons gènes ». C'est le cas du gène de « résistance à la sécheresse » chez le mil.

En ce qui concerne le *Gnetum*, la domestication de cette plante devrait d'abord porter sur la maîtrise des modes de reproduction et se poursuivre sur les programmes d'amélioration. C'est dans ces deux directions que nous avons fait porter nos efforts. Nous ne perdons pas de vue que les programmes d'amélioration devraient inclure les prospections des formes sauvages du *Gnetum* en vue de la constitution de « banques de gènes » et du maintien d'une bonne variabilité de l'espèce à améliorer. Nous avons exploré les deux modes de multiplication habituellement utilisés et notamment la reproduction par graine (voie sexuée) et la multiplication végétative (Mialoundama, 1985 ; Mialoundama, 2002).

1) Reproduction par graine dans les conditions naturelles

Nous avons précisé dans les conditions naturelles au Congo-Brazzaville (Mialoundama, 1978,1985), les périodes de floraison, de nouaison, de véraison, de maturation et de germination. Seules les plantes lianescentes les plus âgées sont aptes à fleurir. La plupart d'entre elles fleurissent en octobre, la nouaison intervenant en novembre et décembre. Les graines de couleur verte sont ovoïdes et mesurent en moyenne 10 mm de long et 6 mm de diamètre. A maturité, elles changent de couleur, deviennent vert-clair puis vert-jaune en janvier, rougissent en février et mars pour tomber en avril. Les embryons ne sont pas morphologiquement mûrs lorsque les graines sont libérées par la plante mère (Gaussen, 1963 ; Martens, 1971). Ils ne mûrissent qu'après une longue période au sol. L'embryon est pourvu de deux cotylédons très petits, d'un hypocotyle court, d'une radicule et d'un volumineux « pied » ou suçoir. Ce dernier vascularisé se présente comme une expansion latérale de l'axe hypocotyle-racine ayant pour fonction la mobilisation et le transport des matériaux nutritifs endospermiques vers l'appareil racinaire et aérien après la germination (Martens et Lehmann-Baerts, 1967). Ce suçoir reste attaché à l'endosperme, même après la formation des feuilles. La germination des graines dans les conditions naturelles des sous-bois a lieu à partir des premières pluies d'octobre.

2) Reproduction par graine au laboratoire

La germination des graines au laboratoire portant sur des lots de 200 graines a donné un faible pourcentage, variant de 8 % à 10 %. Les graines germées en forêt ou au laboratoire donnent chacune une plantule qui a un port dressé, des entre-nœuds courts, des feuilles opposées et décussées et deux cotylédons écailleux. L'axe principal produit deux types d'axes, les uns dressés avec des feuilles assimilatrices et les autres volubiles avec des feuilles réduites à l'état d'écaille et porteront à leur aisselle, des axes d'ordre 3 avec feuilles assimilatrices. A Brazzaville, les plantes issues de la germination, cultivées dans les conditions naturelles sous abri n'ont fleuri qu'après dix ans. Compte tenu de la faible capacité germinative des graines de *Gnetum africanum* et du délai nécessaire, du semis jusqu'à la mise à fleurs du *Gnetum* évalué ici à 10 ans, nous ne pouvons recommander la reproduction par graine pour une production de ses feuilles à grande échelle. Toutefois, pour l'amélioration ultérieure du *Gnetum*, la reproduction par voie sexuée demeure l'atout majeur. Dans l'immédiat, il est nécessaire de recourir à la multiplication végétative.

3) Reproduction par voie végétative

Les essais de multiplication végétative ont porté respectivement sur les boutures de différents âges de l'axe principal, du rameau dressé et du rameau volubile avec ou sans le rameau feuillé d'ordre 3 (Mialoundama, 1985, 2002). Les résultats enregistrés montrent que toutes les boutures avec feuilles s'enracinent quelle que soit leur origine. Le traitement par les auxines n'augmente pas le nombre et la longueur des racines. La présence des feuilles sur les boutures s'avère par contre nécessaire pour un meilleur enracinement et un nombre élevé de racines. Les boutures portant 2 à 3 feuilles conviennent le mieux. Elles produisent un système racinaire capable de supporter la transplantation 2 à 3 mois après bouturage et de plus, après ce temps, l'on obtient des plantes viables aptes à être repiquées dans des pots ou en pleine terre. Les plants issus du bouturage ou des graines sont feuillés. Leur croissance se fait par poussées successives alternant avec des arrêts de croissance ; cela ne permet pas une grande récolte des feuilles. C'est pourquoi, nous avons étudié l'influence de la fertilisation minérale sur la croissance et sur le rythme d'émergence foliaire de *Gnetum africanum*.

4) Influence de la fertilisation minérale sur la croissance et le développement du *Gnetum*

L'influence de la fertilisation minérale a été étudiée suivant un dispositif en confondu ou complètement aléatoire. Les engrais minéraux ont été étudiés à différentes doses en tenant compte des doses habituellement recommandées pour les cultures maraîchères et vivrières. L'expérimentation a comporté les dix traitements suivants : trois doses de fumure azotée ; trois doses de fumure phosphatée, trois doses de fumure potassique et le témoin. L'azote a été apporté sous forme d'urée à la concentration de 45 %. Les doses ont été de 60, 160 et 180 kg à l'hectare. L'apport de phosphore s'est fait sous forme de superphosphate à 18 % aux doses de 60, 120 et 180 kg à l'hectare. Les trois doses de potassium 80, 120 et 160 kg à l'hectare ont été appliquées sous forme de sulfate de potassium à 48 %. L'étude a été faite sur de jeunes plants de *Gnetum africanum*.

Les résultats rapportés ici concernent l'entrenœud n° 4 et la 4ème paire de feuilles pour la croissance en longueur, le plastochrone apparent de la 4ème à la 5ème paire de feuilles pour l'étude de l'influence de la fertilisation minérale. Chez *Gnetum africanum,* l'allongement des axes portant des feuilles se fait par poussées successives avec arrêts de croissance de 2 à 3 mois. Les engrais minéraux, azotés, phosphatés et potassiques influent différemment sur ce rythme. L'effet varie avec la nature et la dose de l'engrais considéré. Par rapport au témoin, l'azote a réduit le plastochrone apparent d'une semaine et demie à trois semaines, suivant les doses appliquées. Le potassium n'a presque pas exercé d'effet sur le rythme d'émergence foliaire ; seule la dose P 120 a réduit le plastochrone de deux semaines. Mais l'apport de phosphore sous forme de superphosphate fournit également du CaO et du S. L'action de ces derniers éléments n'est peut-être pas à écarter, même si habituellement on privilégie beaucoup plus l'effet du phosphore lors des traitements avec le superphosphate.

Il apparaît donc que l'azote accélère le rythme d'apparition de feuilles chez *Gnetum africanum.* Cette action est confirmée par l'apparition précoce de la 6ème paire de feuilles lors de tous les traitements azotés alors que les plantes du témoin et des autres traitements n'avaient pas encore émis la 6ème paire de feuilles à la fin des observations. Par ailleurs, l'étude de l'influence des traitements azotés, phosphatés et potassiques sur la durée de croissance de l'entre-nœud et des feuilles montre que l'azote accélère la croissance de l'entre-nœud et celle des feuilles. Sur les longueurs finales des feuilles, l'effet du phosphore et du potassium n'a pu être constaté. Seule la forte dose, P180 a favorisé l'accroissement des longueurs finales des entre-nœuds. L'azote est l'unique élément qui a le plus influé sur tous les paramètres observés. Le traitement N60 a eu un effet positif sur la plupart des phénomènes étudiés.

L'effet du phosphore et du potassium est variable. Les observations faites sur les différents essais conduisent à proposer une formule d'engrais composé. Cette formule est la suivante : N60-P120-K120.

5) Production des feuilles

L'axe principal de *Gnetum africanum*, émet deux types de rameaux, les uns dressés avec des feuilles assimilatrices, les autres volubiles avec des feuilles écailleuses (fig. 6). Le rameau dressé peut se transformer quelquefois en rameau volubile (Mialoundama, 1985). Après plusieurs années, l'axe principal et les rameaux dressés qui ne se sont pas transformés en rameaux volubiles meurent. Ne subsisteront donc plus que les rameaux volubiles et les axes feuillés portés à l'aisselle des feuilles écailleuses. La croissance du rameau volubile est continue alors que celle des axes feuillés et notamment l'axe principal, le rameau dressé, et l'axe d'ordre 3, est rythmique (Mialoundama, 1979). Cette croissance rythmique est d'origine endogène (Mialoundama et al. 1984). Dans la nature comme au laboratoire, la croissance de la plante se fait par poussées successives avec des interruptions d'un mois à trois, selon les conditions expérimentales.

Ce mode de croissance ne permet donc pas une grande production de feuilles sur l'axe principal et retarde la ramification. En effet, il a été montré que, dans les conditions naturelles sous abri, la plante ne se ramifie qu'après que l'axe principal ait formé au moins quatre paires de feuilles (Mialoundama, 1980 b). Et tous les facteurs qui accélèrent le rythme d'émergence foliaire sur l'axe principal concourent par la même occasion à la ramification. C'est le cas de la fertilisation minérale (Mialoundama et Mbou, 1992) et particulièrement l'azote qui s'est révélé efficace aussi bien sur le rythme d'émergence foliaire que sur la durée de croissance et les longueurs finales des feuilles.

Si les rameaux apparus sont feuillés, leur croissance se fait par poussées successives avec des arrêts de croissance alors que l'accroissement des rameaux volubiles est contitinu. Il y a lieu donc de favoriser l'apparition des rameaux volubiles. Les travaux portant sur l'amélioration du *Gnetum* devraient donc mettre l'accent sur les recherches visant l'obtention des variétés à croissance rapide ainsi que sur le développement précoce des rameaux volubiles.

Conclusion

Les résultats acquis au cours de nos travaux antérieurs depuis 1985 permettent d'envisager la domestication du *Gnetum*, une Gnétacée à feuilles comestibles, menacée de disparition dans certaines régions d'Afrique Centrale. La mise en culture de cette plante correspondrait à la valorisation des résultats scientifiques et cela s'intègrerait parfaitement dans une politique cohérente de développement de cultures vivrières autochtones, l'une des méthodes efficaces de lutte contre la faim.

Références bibliographiques

COMBES. D.1980. Problèmes généraux de l'amélioration des plantes. In *2ème séminaire sur l'énergie solaire* TRIESTE, 6 - 20 septembre , éd. M. CADENE, pp. 371 - 384.

GAUSSEN, H. 1963. *Les Gymnospermes.* In *Précis des sciences biologiques publiés sous la direction* du Pr P.P. GRASSE . Botanique pp. 640 - 643 - Ed. Masson et Cie - Paris.

MARTENS, P. 1971. *Traité d'anatomie végétale. Les Gnétophytes*. XII, 2,295 p. Gebrüder Borntraeger – Berlin.

MARTENS, P. et LEHMANN-BAERTS, M. 1967. Etude sur les Gnétales. X. Le suçoir de l'embryon et de la plantule chez *Gnetum africanum. Cellule,* 66, 343 - 359.

MIALOUNDAMA, F. 1978. Etude phénologique du *Gnetum africanum Welw.* dans les conditions naturelles des sous-bois des forêts du Congo. *1er Colloque – Forêt Mayombe*, p.128-131.

MIALOUNDAMA, F. 1979 . Influence des feuilles sur la croissance en longueur de la tige chez *Gnetum africanum Welw. C.R. Acad. Sci.* Paris, 288, 603-606.

MIALOUNDAMA, F. 1980 a. Action régulatrice des feuilles sur l'activité morphogénétique du bourgeon terminal chez *Gnetum africanum* Welw. *C.R. Acad. Sci.* Paris, 291, 509-512.

MIALOUNDAMA, F. 1980 b. Corrélations intervenant dans la croissance des rameaux latéraux chez *Gnetum africanum Welw. Bull. soc. Bot. Fr. 127, Actual. Bot.* 2, 119 – 121.

MIALOUNDAMA, F. 1985. Etude de la croissance ryththmique chez le *Gnetum africanum Welw.* Thèse de Doct. d'Etat ès Sciences Naturelles, Université d'Orléans, 156 p.

MIALOUNDAMA, F. 2002. Influence des feuilles sur la multiplication végétative par bouturage chez le *Gnetum africanum Welw. Annales de l'Université Libre du Congo*, série B, Vol.1, 154-163.

MIALOUNDAMA, F. et R. MBOU, 1992. Influence de la fertilisation minérale sur la croissance et sur le rythme d'émergence foliaire de *Gnetum africanum Welw. Agronomie tropicale*, 46,2, 89-96.

PARTIE III : ENJEUX SOCIO-ECONOMIQUES ET COMMERCIAUX

CHAPITRE 7 : INTERET ALIMENTAIRE ET SOCIO-ECONOMIQUE

Fidèle Mialoundama

Introduction

Chevalier (1951) fait remarquer qu'en 1950, son attention fut attirée par un produit végétal vendu toute l'année sur le marché de Bangui et connu des peuplades de la région sous le nom de koko. L'auteur rapporte que les deux espèces de Gnetaceae africaines, *Gnetum africanum* et *Gnetum buchholzianum* étaient déjà connues des populations à cette époque, non seulement en Centrafrique mais aussi en Angola, au Cameroun, au Congo-Brazzaville, au Gabon, au Nigéria et au Congo Démocratique. Les populations autochtones de ces pays en mangeaient ainsi que les européens et les autres étrangers. Ces deux espèces ne poussent qu'à l'état spontané dans les forêts où leurs feuilles et d'autres produits de la flore spontanée font régulièrement l'objet de cueillette. Cette dernière se poursuit encore aujourd'hui avec une intensité accrue. Dans les milieux ruraux et dans les grands centres urbains, la consommation et le commerce des produits de cueillette se développent de plus en plus ; et parmi tous ces produits, c'est le *Gnetum* qui est le plus vendu et le plus consommé. Nous avons récemment précisé son intérêt alimentaire et nutritionnel (Mialoundama, 1988, 1996).

1) Intérêt alimentaire

En Afrique Centrale, les feuilles de *Gnetum* font partie du régime alimentaire de toutes les classes sociales. Il semble difficile d'expliquer pourquoi cette plante est préférée à de nombreuses autres espèces à feuillage comestible de la flore spontanée. On peut consommer ces feuilles à l'état cru, mais en général, elles constituent un aliment de complément ajouté au plat de viande ou de poisson avant la fin de la cuisson ; de nombreux restaurants proposent des spécialités à base de *Gnetum*. Dans l'ouvrage « La cuisine au pays du soleil », publié en 1979, on trouve de nombreuses recettes qui furent collectées au Congo, au Cameroun et au Gabon. Dans l'ouvrage « la Cuisine Congolaise » que nous venons de publier (Mialoundama et al., 2001), les feuilles de *Gnetum* rentrent dans la composition de plus d'une dizaine de recettes culinaires parmi lesquelles, le « bœuf au *koko* », « chenilles diverses séchées au *koko* » « Crevettes séchées au *koko* », « *koko* écrasé », « koko à la pâte d'arachide », « *Mihuka* au koko», « *Mukalu* au *koko* », « *Nguembo* séché au koko », « Poulet au *koko* », « Sauterelles séchées au *koko* » et la recette « trois pièces » connue de la plupart des congolais. Dans cette recette, le *koko* est l'un des éléments majeurs parmi les trois principaux : Poisson salé ou Poisson fumé, les feuilles de koko et la pâte d'arachide. Au Congo, la consommation moyenne de feuilles de *koko* a été évaluée à 2 g par individu et par jour, ce qui représente un total de prélèvement sur le milieu naturel qui pourrait constituer une menace pour les espèces spontanées du genre *Gnetum* (Mialoundama, 1985). Dans certaines régions proches de grands centres urbains, ces plantes ont complètement disparu. Il devient donc urgent de réaliser la domestication de cette plante et de constituer des banques de gènes pour sauvegarder les souches des populations sauvages sur lesquelles on doit développer des recherches sur la biologie et la physiologie du *Gnetum* (Mialoundama et Paulet, 1985 ; 1986) devant conduire à la mise en culture de cette plante (Mialoundama et Mbou, 1992). Car au-delà des considérations socioculturelles sur le rôle des feuilles de *Gnetum* (Mialoundama,1996), on doit également tenir compte de leur importance dans l'équilibre nutritionnel des populations qui les consomment, en particulier par leurs apports en acides aminés et en éléments minéraux.

2) Composition biochimique des feuilles

La composition de ces feuilles en protéines, lipides, glucides et sels minéraux est présentée dans le tableau 22. L'examen de ce tableau renseigne que les feuilles de *Gnetum* ont une teneur élevée en protéines et en substances minérales.

Tableau 22 : Composition des feuilles de *Gnetum* (en pourcentage de la matière sèche)

Espèce	Protéines	Lipides	Glucides		Minéraux
			Réduc reurs	Cellulose	
Gnetum africanum	16,5	5,9	17,50	40,0	7,0
Gnetum buchholzianum	18,2	6,2	16,75	39,5	-

Source: MIALOUNDAMA, 1996

Il nous a paru intéressant de déterminer la composition en macro-éléments et en micro-éléments de ces feuilles. Les deux espèces du genre *Gnetum* ont une composition relativement proche en protéines totales, en micro-éléments et même en macro-éléments (tableau 23) sauf pour le sodium et le chlore dont les teneurs sont moindres chez G. *buchholzianum*.

Tableau 23 : Teneur des feuilles de *Gnetum* en macro-éléments et en micro-éléments

Macro-éléments (pourcentage de la matière sèche)			Micro-éléments (p.p.m.) de mat .sèche		
	Gnetum africanum	*Gnetum buchholzianum*		*Gnetum africanum*	*Gnetum buchholzianum*
K	0,978	0,545	Mn	243,1	231,4
P	0,167	0,108	Fe	162,6	168,6
Ca	0,830	0,334	Al	133,5	106,5
Mg	0,395	0,184	B	24,4	22,9
Na	0,157	0,016	Cu	12,5	3,4
Cl	0,384	0,030	Zn	24,1	12,1
SiO_2	0,169	0,131			
S	0,381	0,269			

Source : Mialoundama, 1996

Par ailleurs, les proportions de différents acides animés sont indiquées au tableau 24. Les huit acides aminés essentiels présents dans les feuilles de *Gnetum* (tableau 24) confèrent à ces aliments une haute valeur nutritionnelle.

Tableau 24 : Teneurs en acides animés des feuilles de *Gnetum* (en pourcentage de la matière sèche)

Acides aminés essentiels			Acides aminés non essentiels		
	Gnetum africanum	*Gnetum buchholzianum*		*Gnetum africanum*	*Gnetum buchholzianum*
Isoleucine	0,64	0,68	Acide aspartique	1,81	2,1
Leucine	1,34	1,54	Sérine	0,89	0,97
Lysine	0,84	0,92			
Méthionine	0,16	0,24	Acide glutamique	1,80	2,07
Phénylalanine	1,00	1,15	Proline	1,73	1,32
Thréonine	0,80	0,91	Glycine	0,97	1,18
Tryptophane	0,24	0,26	Alanine	1,15	1,29
Valine	0,91	0,99	Cystine	0,26	0,28
			Tyrosine	0,51	0,69
			Histidine	0,33	0,37
			Arginine	0,86	0,99

Source : MIALOUNDAMA, 1996

De plus, la teneur globale en protéines étant élevée, cet aliment semble particulièrement intéressant dans les régions où la viande est souvent un luxe. En effet, le déficit protéique de la ration alimentaire est l'un des problèmes nutritionnels les plus fréquents en Afrique. Les légumes feuilles constituent un complément appréciable en ce qui concerne l'apport en vitamines et en sels minéraux. Les légumes feuilles renferment non seulement des teneurs élevées en substances minérales mais aussi en protéines susceptibles de contribuer à un apport appréciable de protéines de la ration alimentaire.

L'habitude d'introduire des légumes feuilles dans les sauces en Afrique Centrale est donc à encourager. Ceci pose le problème de la disponibilité de ces feuillages commercialisés depuis longtemps dans les marchés, exclusivement par les femmes.

3) Les femmes et le commerce du *Gnetum* en Afrique

Dans tous les pays d'Afrique Centrale, les femmes jouent un rôle majeur dans les circuits de commercialisation depuis la cueillette jusqu'à la mise en vente sur les marchés des deux espèces de *Gnetum* ; Parmi les deux espèces les feuilles de *Gnetum africanum* sont vendues le plus communément dans la plupart des pays. Celles de *Gnetum buchholzianum* par contre, moins appréciées des consommateurs s'observent moins souvent dans les circuits commerciaux.

Au Congo, les feuilles de *Gnetum* sont cueillies par les femmes ; elles les apportent à des commerçants qui les transportent, soit en train dans la région du Kouilou, soit sur des véhicules, vers d'autres régions où d'autres femmes attendent les arrivages pour faire la vente au détail sur les marchés locaux.

Dans ces marchés, les feuilles sont découpées en fines bandes (émincées) avant d'être proposées à la vente au détail. Une enquête effectuée en 1980 (Mialoundama, 1985) a montré qu'à Brazzaville et Pointe-Noire, 400 personnes exclusivement des femmes, étaient impliquées dans la vente au détail. De nos jours, le nombre de vendeuses a considérablement augmenté et ce sont toujours des femmes qui assurent la commercialisation de ce produit de la forêt. Ces feuilles finement découpées sont regroupées par tas de 100 g et vendues à 100 FCFA en 1980 (Mialoundama, 1985) et 200 FCFA en 2001.

En forêt, les feuilles jeunes et âgées sont cueillies indifféremment. La régénération des feuillages de ces plantes pérennes s'effectue selon un rythme déterminé (Mialoundama, 1979, 1980 b ; Mialoundama et al. 1984 ;

Mialoundama et Paulet, 1985 ; Mialoundama, et Mbou, 1992). Il s'agit d'un produit issu de la végétation spontanée en Afrique Centrale. Sa valorisation dans le domaine socioculturel et socio-économique semble corroborer l'importance qu'on lui attribue sur le plan nutri- tionnel.

4) Valorisation socioculturelle

Depuis de nombreuses années, les plantes de la flore spontanée ont fait l'objet de cueillette. Cette dernière se poursuit encore aujourd'hui avec une intensité accrue. Dans les milieux ruraux, l'intérêt des produits de cueillette n'est plus à démontrer. Dans les centres urbains, se développe de plus en plus le commerce des feuilles et légumes spontanés. Celui du *Gnetum* est de loin le plus important de tous en Afrique Centrale où ces feuilles font partie de régime alimentaire de toutes les classes sociales. Il semble difficile d'expliquer pourquoi cette plante est préférée à de nombreuses autres espèces à feuillage comestible de la flore spontanée. Au Congo, on sert dans certains bars, des feuilles fraîches de *Gnetum* avec du poisson salé et actuellement, les populations congolaises de toutes les régions en consomment alors que dans un passé encore tout récent, ce produit était une spécialité régionale . Ce changement des habitudes alimentaires peut s'expliquer par le mélange des populations qui s'est intensifié au cours des dernières années.

Les spécialités à base de feuilles de *koko* jouent un rôle qui va au-delà de leur utilisation alimentaire. Les populations d'Afrique Centrale expriment leur identité à travers l'utilisation de ces plats qui prennent une valeur emblématique. C'est ce qui explique aussi la recherche et la préférence pour les plats à base de *Gnetum* d'une personne qui se trouve loin de son pays d'origine. Dans ce cas, l'on recherche la plante qui était consommée aussi bien au cours des cérémonies que des repas de tous les jours, dans son pays d'origine.

5) Intérêt économique du *Gnetum*

Chevalier (1951) fait remarquer que le commerce des feuilles de *Gnetum* se pratiquait déjà en 1950 sur les marchés d'Afrique Centrale. C'est donc un commerce relativement ancien. Les échanges commerciaux concernant ce produit se sont développés au cours de ces dernières années. En République Centrafricaine où persiste un grand intérêt pour ce genre (Hladik et Hladik, 1995), une entreprise, « Le Paysan centrafricain » avait commencé entre 1976 et 1979, à exporter vers l'Europe des feuilles de *Gnetum*. De nos jours, ces produits sont vendus dans la plupart des pays européens, et surtout en France (à Paris, Bordeaux, Toulouse, etc) et en Belgique. En Afrique Centrale, des échanges transfrontaliers des produits forestiers non ligneux en général et particulièrement du *Gnetum* ont lieu entre pays voisins. L'exportation des feuilles de *Gnetum* du Cameroun vers le Nigeria a atteint des proportions très importantes. Ce commerce utilise donc un nombre relativement important de personnes à différents maillons de la chaîne et permet à un grand nombre de femmes de s'insérer dans le circuit monétaire. Le sondage que nous avons effectué en 1980 a permis de montrer que les femmes exerçant la vente au détail des feuilles de *Gnetum* ont un revenu commercial mensuel dépassant largement le SMIG (Salaire Minimum Interprofessionnel Garanti) évalué au Congo à 23. 500 FCFA. Le revenu généré par la vente de feuilles de *koko* permet ainsi à ces vendeuses, pour la plupart Chefs de ménage, de subvenir aux besoins de la famille.

La poursuite du commerce de ces feuillages passe nécessairement par la maîtrise de la domestication du *Gnetum* déjà en péril autour des grands centres urbains. La disparition de cette plante est de plus en plus accélérée par les pratiques culturales.

Conclusion

Les feuilles du *Gnetum* sont consommées par les populations de l'Afrique Centrale depuis des temps immémoriaux. Elles sont commercialisées par les femmes pendant toute la durée du cycle annuel, sur les marchés d'Afrique Centrale et même dans certaines grandes villes d'Europe. Elles constituent une source très appréciable de protéines et d'éléments minéraux. Cependant, en raison de la collecte intensive de cette ressource forestière spontanée et de certaines pratiques culturales qui en réduisent l'habitat, les espèces du genre *Gnetum* sont menacées de disparition en Afrique. Nous avons demandé la création dans la région de Brazzaville, d'une collection vivante de différentes populations de *Gnetaceae* afin de sauvegarder toute la variabilité génétique des espèces qui, d'après les résultats acquis (Mialoundama, 1985 ; Mialoundama et Mbou, 1992) pourrait conduire à la domestication et à la mise en culture du *Gnetum.* Ces nouvelles cultures de plantes indigènes peuvent s'intégrer harmonieusement dans une stratégie de développement contribuant à résoudre de façon efficace les problèmes d'équilibres nutritionnels et de malnutrition.

Références bibliographiques

Anonyme, 1976. La Cuisine aux pays du soleil. Les classiques africains, 308 p.

CHEVALIER, A. 1951. Plantes remarquables observées en Afrique équatoriale à l'état vivant au cours d'un voyage en 1950-1951. *Revue Internationale de Botanique Appliquée* et *d'Agriculture Tropicale*, 31, 265 – 270.

HLADIK, A. et HLADIK, C.M. 1995. R.C.A, Forêt de Ngotto : les produits forestiers, des ressources à développer. *Canopée, Bulletin trimestriel de l'environnement en Afrique Centrale*, 4, 7 – 8.

MIALOUNDAMA, F. 1979. Influence des feuilles sur la croissance en longueur de la tige chez *Gnetum africanum* Welw. *C.R. Acad. Sci.* Paris, 288, 603 – 606.

MIALOUNDAMA, F. 1980. Action régulatrice des feuilles sur l'activité morphogénétique du bourgeon terminal chez *Gnetum africanum* Welw. *C.R. Acad. Sci.* Paris, 291, 509 - 512.

MIALOUNDAMA, F. 1985. Etude de la croissance rythmique chez le *Gnetum africanum.* Welw. Thèse de Doctorat d'Etat ès Sciences Naturelles, Université d'Orléans, 156 p.

MIALOUNDAMA, F. 1988. Intérêt alimentaire des feuilles de *Gnetum africanum* Welw, Gnétacée très répandue en Afrique Centrale. *Revue du CICIBA*, n°8, 161 - 170.

MIALOUNDAMA, F. 1996. Intérêt nutritionnel et socio-économique du genre *Gnetum* en Afrique centrale. In : L'alimentation en forêt tropicale. Interactions bioculturelles et perspectives de développement. Volume 1 : Les ressources alimentaires : production et consommation. C.M. HLADIK A. HLADIK, H. PAGEZY, O.F. LINARES et A. FROMENT, Ed., Paris UNESCO, Chap. 15, 221 - 227

MIALOUNDAMA, F. LAUZAC, M ; et PAULET, P. 1984. The periodic induction of dormancy during the rhythmic growth of *Gnetum africanum. Physiol. Plant*. 61, 309 - 313.

MIALOUNDAMA, F. et MBOU, R. 1992. Influence de la fertilisation minérale sur la croissance et sur le rythme d'émergence foliaire de *Gnetum africanum* WelW. *Agronomie Tropicale*, 46, 2, 89 - 96.

MIALOUNDAMA, F. et PAULET, P. 1985. Développement et rythme d'émergence foliaire chez *Gnetum africanum* WelW. en relation avec la photopériode et les propriétés du rayonnement. *Acta Oecologica, Oecologia Plantarum*, 6, 309 - 318.

MIALOUNDAMA, F. et PAULET ; P. 1986. Regulation of vascular differenciation in leaf primordia during the rhythmic growth of *Gnetum africanum. Can. J. of Bot*, 64, 208 - 213.

MIALOUNDAMA, F. GOMA MOUYOKANI, I et GAMI, N. 2001 - *La Cuisine Congolaise* - Editions l'Harmattan Paris, 216p.

CHAPITRE 8 : COMMERCIALISATION DES FEUILLES DE *GNETUM* EN REPUBLIQUE DU CONGO

Fidèle Mialoundama et Enoch Loubelo

1) Généralités

En Afrique Centrale, les populations consomment et utilisent d'importantes quantités de produits de cueillette pour leur alimentation, pour l'artisanat et pour la pharmacopée traditionnelle. « Ces produits de cueillette longtemps appelés produits mineurs ou produits secondaires sont aujourd'hui qualifiés de produits forestiers non ligneux (PFNL) ou encore produits forestiers autres que le bois (PFAB) désignant toute ressource biologique, et tout service marchand, excepté toutes les formes de bois d'œuvre, provenant de la forêt ou de tout autre écosystème ayant les fonctions similaires » Au Congo, les forêts et les savanes renferment une importante richesse en plantes alimentaires exploitées de manière encore empirique. Plusieurs fruits, légumes, tubercules et autres produits divers contribuent efficacement à la résolution des problèmes de la faim dans tout le pays et particulièrement en zone rurale. Ils se substituent aux productions agricoles aussi bien dans les milieux ruraux que dans les centres urbains. Mais du fait de la cueillette intensive, certains produits de la flore spontanée commercialisés dans les centres urbains pourraient disparaître (Mialoundama, 1985).

Les feuilles de *Gnetum* sont consommées par les populations d'Afrique Centrale depuis très longtemps. Elles constituent une source très appréciable de protéines et d'éléments minéraux. Elles sont commercialisées par les femmes sur les marchés d'Afrique Centrale et une quantité non négligeable est exportée et vendue dans les grandes villes d'Europe, en France (Paris, Lyon, Toulouse, Marseille,...) en Belgique (Bruxelles). Ces dernières décennies, une augmentation de la commercialisation du *Gnetum* et des autres PFNL à usage alimentaire ou médicinal a été notée par Tabuna (1999). Initialement, le marché des PFNL avait pour cible, les ressortissants d'Afrique Centrale vivant en Europe. Actuellement, le marché s'étend vers les consommateurs européens et vers d'autres pays tels que le Royaume Uni, le Portugal et l'Espagne. Les quantités importées ont été évaluées à 31776 tonnes dont 22920 tonnes sont importées par le Royaume uni, 8565 tonnes par la France, 166 tonnes par la Belgique, 144 tonnes par le Portugal et 11 tonnes par l'Espagne (Tabuna, 2000).

Selon Catriona Prebble (1999) citée dans «Actualités des forêts tropicales », il existe dans le monde plus de 150 PFNL pour le commerce international. Durant les années 1990, la valeur moyenne de leur commerce annuel a varié de 5 à 10 milliards $ US. Cette valeur devrait encore augmenter si on y ajoute le commerce effectué de ces mêmes produits au niveau national et local. Le potentiel commercial des PFNL demeure encore insuffisamment exploité et leur évaluation quantitative est à faire. L'évaluation de leur impact dans les économies nationales des pays reste aussi à déterminer. Cette absence d'évaluation justifie, peut-être, le peu d'attention accordée par les pouvoirs publics à ces produits. Selon Ousseynou Ndoye et Manuel Ruiz-Perez (1999), le commerce transfrontalier des PFNL entre le Cameroun et les pays voisins a rapporté environ 3,099 millions de FF en 1995 et 5,033 millions de FF en 1996, cela donne une indication sur l'importance de ce commerce. Ainsi, entre 1995 à 1996, il y a eu une augmentation de 1,934 millions de FF des exportations, ce qui traduit par la même occasion le dynamisme de ces marchés.

Ce commerce des PFNL offre donc des possibilités d'emploi et des revenus pour beaucoup d'hommes et des femmes selon Shiembo et Mialoundama cités par ces auteurs.

Une étude menée au Congo par Mialoundama (1996) a montré que les femmes jouent un rôle majeur dans les circuits de commercialisation depuis la collecte jusqu'à la mise en vente. Les feuilles de *Gnetum* sont cueillies par les femmes ; elles les apportent à des commerçants qui les transportent en zones urbaines, soit par train, dans la région du Kouilou , soit dans des véhicules, vers d'autres régions où d'autres femmes attendent les arrivages pour faire la vente au détail sur les marchés locaux. Selon certains auteurs, on peut considérer la commercialisation comme l'ensemble des activités permettant de répondre aux besoins des consommateurs en leur fournissant un produit ou un service, et ce, en réalisant un gain financier. Cependant, Gregory Scott et Dany Griffon (1998), assimilent souvent la commercialisation à un système parce qu'elle comprend plusieurs structures reliées les unes aux autres de façon généralement stable. La Comptabilité Nationale propose plusieurs définitions sur le concept de ménage. Nous retiendrons parmi elles, celle proposée par Marchal : « Le ménage est un ensemble structuré de personnes qui s'insèrent dans l'activité économique nationale, principalement par la perception de revenus et l'utilisation de ces revenus en opérations de consommation et d'épargne ». Ainsi, le concept d'économie des ménages est assujetti aux opérations économiques liées à leur vie domestique. En raison du manque de statistiques précises sur la valeur et le volume commercialisés des feuilles de *Gnetum*, il est difficile de quantifier ce commerce. Nous pouvons dès lors considérer cette activité comme appartenant au secteur informel.

On peut considérer comme appartenant au secteur informel, toutes les activités agricoles, commerciales, industrielles et celles des services qui ne sont pas saisis habituellement par les statistiques et la comptabilité nationale selon le BIT (1982). Quant à Lachaud (1996), il identifie le secteur informel à un groupement de tous les petits métiers et artisanat du centre urbain procurant des opportunités informelles de revenus.

En effet, en raison de la pluralité des définitions du secteur informel par les différents courants de recherche et par les différentes institutions qui se sont penchées sur la notion du secteur informel, la deuxième réunion du Comité Directeur du Projet CEA (1990) : « Amélioration du rôle de la femme dans le secteur informel Production et Gestion » a décidé de retenir pour le projet, la définition suivante : « le secteur informel désigne des entreprises ménagères et individuelles n'utilisant que très peu d'employés». Toutes les activités conformes à cette définition pourraient être classées comme informelles, excepté le travail de fermier, encore que le traitement et la commercialisation des produits agricoles sont inclus dans le secteur informel.

A cet effet, les caractéristiques des activités du secteur informel sont partiellement ou entièrement les suivantes : ne pas avoir ou avoir très peu d'employés qui ne sont pas de la famille ; ne pas fonctionner dans les conditions institution- nellement reconnues, ne pas avoir de siège enregistré, sinon, à la maison ; ne pas être enregistré ; ne pas tenir de comptabilité ; utiliser les méthodes traditionnelles de production et de distribution.

Selon Mialoundama (1985, 1996), au Congo, la consommation moyenne de feuilles de koko a été évaluée à 2g par individu et par jour, ce qui représente un total de prélevement important sur le milieu naturel qui pourrait constituer une menace pour les espèces spontanées du genre *Gnetum.*

Ce dernier est en voie de disparition ; il s'avère donc urgent de domestiquer cette plante et d'évaluer l'impact de la commercialisation de ce produit sur les économies des ménages. Pour répondre à cette urgence, nous nous proposons de montrer la place qu'occupe ce produit dans l'alimentation des ménages brazzavillois, et surtout les avantages socio-économiques qu'il offre aux commerçants à différents niveaux de la chaîne de commercialisation. En effet, le *Gnetum* étant le PFNL le plus consommé et le plus exporté, il devrait générer une augmentation de revenus.

Cette étude est réalisée uniquement sur la ville de Brazzaville, en raison de son niveau démographique élevé et des problèmes d'emploi dûs à l'exode rural donc de l'emploi des jeunes. Les questions fondamentales que l'on peut se poser sont : quelle serait alors l'influence de la commercialisation du *koko* sur l'économie des ménages ? Quelles sont les motivations des consommateurs et l'intérêt nutritionnel et socio-économique du genre *Gnetum* à Brazzaville ?

2) Méthodologie

Pour répondre aux interrogations que nous nous sommes posées, nous avons entrepris d'une part, une recherche documentaire et d'autre part, une enquête sur la base d'un questionnaire élaboré à cet effet.

Recherche documentaire et enquête

Nous avons retenu la méthodologie utilisée par Immick et al. (1993), reprise lors de leur étude sur la commercialisation des légumes au Guatemala. Ces auteurs avaient retenu l'approche filière pour comprendre les différents aspects des fonctions économiques qui existent entre la production et la commercialisation. En plus, ils proposent l'emploi des démarches qui permettent le calcul des coûts et marges réellement observées sur le terrain lors des enquêtes. L'approche filière est cette approche qui permet d'examiner le circuit de distribution suivi par un produit depuis le lieu de la cueillette jusque dans le panier de la ménagère. Pour cela, différentes variables ont été retenues : le prix, les quantités cueillies, les habitudes culinaires, le nombre d'acheteurs et de vendeurs...

Ces différentes variables prises en compte ont été examinées de manière empirique à partir des données collectées sur la base d'une enquête effectuée à Brazzaville sur un échantillon de près de 200 individus. Cette enquête consisste entre autres à collecter, analyser et à interpréter plusieurs séries d'informations. Nous avons interrogé une couche de la population qui vit en ville grâce à la vente au détail de feuilles de *Gnetum*, exclusivement les femmes, car cette activité est exercée uniquement par celles-ci. A cet effet, huit (8) marchés ont été retenus : Marché Moukondo, Marché Sukissa, Marché Ouenzé, Marché Plateaux de 15 ans, Marché TOTAL, Marché Bifouiti, Marché Commission, Marché Bourreau. Parmi ces marchés, deux ont été choisis, Sukissa et TOTAL, comme étant respectivement le plus proche et le plus éloigné du lieu d'approvisionnement.

Détermination du poids moyen du tas de feuilles de Gnetum

Afin d'évaluer la quantité des feuilles de *Gnetum* vendues, nous avons déterminé le poids moyen du tas de ces feuilles. Pour cela, nous avons acheté un échantillon de 40 tas de *Gnetum* découpés par les détaillantes, dans divers marchés visités. Le tas est vendu à un prix de 50 FCFA, à la seule différence que le poids du tas varie d'un marché à un autre compte tenu de la proximité du lieu d'approvisionnement, c'est-à-dire du marché Tâ Nkombo près du lycée Thomas SANKARA. Les feuilles découpées en fines lamelles ont été pesées à l'aide d'une balance de précision afin de déterminer le poids frais (Pf). Après pesée, les échantillons ont été mis à l'étuve à 105°C pendant 24 heures. Par la suite, nous avons pesé de nouveau afin de connaître le poids sec (Ps) de chaque échantillon.

Ainsi, après avoir examiné les différentes étapes suivies par les feuilles de *Gnetum* d'une part (Section 1), nous avons analysé l'impact de ce commerce du point de vue social et économique d'autre part (Section 2) avant de faire quelques suggestions.

Section 1 : Localisation des lieux de cueillette et circuits de commercialisation du *Gnetum*

Nous avons analysé ici la localisation de la provenance du *Gnetum* ainsi que le parcours suivi par ce *produit* depuis la cueillette jusqu'à sa consommation.

I) Provenance et réseau de distribution des feuilles de *Gnetum*

Le Congo regorge d'immenses forêts d'où proviennent de nombreuses richesses, lesquelles jusque-là sont pour la plupart ignorées. Comme PFAB, le *Gnetum* est un produit très apprécié par les populations rurales et urbaines. Il est utilisé comme aliment, médicament dans diverses sociétés africaines qui ont une connaissance ancestrale de sa valorisation.

Ce produit qui est issu de la forêt, parvient dans les centres urbains sans pourtant que son consommateur, ne soit renseigné de son environnement et des divers moyens l'ayant fait parvenir jusqu'à lui.

A ce sujet, John Ryan (1997), fait remarquer que « la plupart de ces richesses de la forêt sont utilisées sur place ou commercialisées localement ; elles sont donc dans une large mesure ignorées par les forestiers et par les économistes, qui ne s'intéressent qu'aux productions pouvant fournir des revenus de l'exportation ». Aussi, est-il important d'étudier la localisation de sa provenance, son mode de cueillette et son réseau de distribution.

1) Localisation de la provenance du *Gnetum*

Brazzaville, la capitale politique du Congo reçoit de ses nombreuses régions plusieurs PFNL. Parmi ces produits, figurent les feuilles de *Gnetum* dont la teneur en protéines est voisine de 16% du poids sec (Mialoundama, 1988).
Les régions qui approvisionnaient Brazzaville étaient jusque-là, la région du Kouilou (Mayombe), la région du Pool (Kindamba), les régions des Plateaux et de la Cuvette dans les localités de Ewo, Owando, Oyo, Boundji, Okwessé, Abala, Vagui, Ossélé, Gamboma, Djambala, Kouya, Akou,.... Dans ces différentes localités poussent deux espèces à grosses feuilles et à petites feuilles effilées de *Gnetum*. Tandis que dans les régions du Pool et du Kouilou les deux espèces à petites et grosses feuilles sont présentes et elles ne laissent pas le même goût après leur consommation.
Depuis la crise sociopolitique de 1993, seules les deux régions du Nord du pays citées ci-dessus approvisionnent Brazzaville. La grande quantité de feuilles de *Gnetum* commercialisées aujourd'hui provient de ces localités. Quant aux autres régions (Pool, Kouilou), le commerce de feuilles de *Gnetum* n'est quasiment plus exercé en direction de Brazzaville en raison surtout des difficultés rencontrées par les grossistes lors de l'évacuation des produits. Dans les forêts, la cueillette n'est pas toujours facile ; elle est une étape importante dans le circuit de commercialisation.

2) Mode de cueillette de feuilles de *Gnetum*

Avant d'analyser les méthodes utilisées par les paysans pour la cueillette de ce produit, il est intéressant de connaître quelques conditions favorables dont bénéficient cette partie de la forêt. Le Nord du pays, plus vaste que le Sud, abrite une population plus faible (2 à 5 habitants au km^2). Traversé par le climat équatorial avec une température de près de 25° C, une forte humidité due au fait qu'il pleut toute l'année, le genre *Gnetum* pousse facilement dans ces forêts du nord du pays. C'est un produit disponible tout au long de l'année.

La cueillette de feuilles de *Gnetum* est organisée par les paysans du village et, elle se déroule dans les forêts. Les collecteurs parcourent des longues distances dans la forêt pour y effectuer la cueillette. Les méthodes de cueillette utilisées par les collecteurs qui vont jusqu'à arracher toute la plante, occasionnent à terme la disparition de la plante. Il faut craindre qu'à long terme, de telles pratiques n'entraînent une disparition de l'espèce.

II) Circuits d'approvisionnement

La ville de Brazzaville bénéficie de beaucoup d'avantages pour son ravitaillement en produits vivriers grâce à la conjonction des principales voies de communication qui débouchent toutes sur elle. Cette position de transit lui permet de recevoir les produits venant de toutes les régions du pays. Le *Gnetum* qui autrefois provenait de Kindamba par véhicule et du Mayombe par train n'est plus évacué sur Brazzaville faute d'infrastructures, la route étant devenue presque impraticable en raison de sa dégradation tout comme le réseau ferroviaire devenu moins sûr après les événements socio-politiques que le Congo a connus. Cette difficulté occasionne des coûts élevés pour ce commerce. Cette détérioration du réseau de transport entrave directement l'approvisionnement alimentaire. Une bonne partie des produits alimentaires dont les feuilles de

Gnetum ne parviennent plus à Brazzaville. Cela occasionne des hausses de prix de la plupart des produits alimentaires.

III) Réseaux de commercialisation

L'analyse des réseaux de commercialisation nous permet de connaître le circuit suivi par le *Gnetum* depuis son origine (lieu de la cueillette : la production) jusqu'à sa destination finale (consommation). Pour cela, nous analysons ce processus, à travers des individus qui interviennent dans le circuit de commercialisation selon que ceux-ci jouent le rôle de grossistes ou celui de détaillants. Le processus qui relie la production à la consommation est centralisé et relie tous les acteurs du circuit avec au centre de l'activité, des grossistes (voir schéma ci-après).

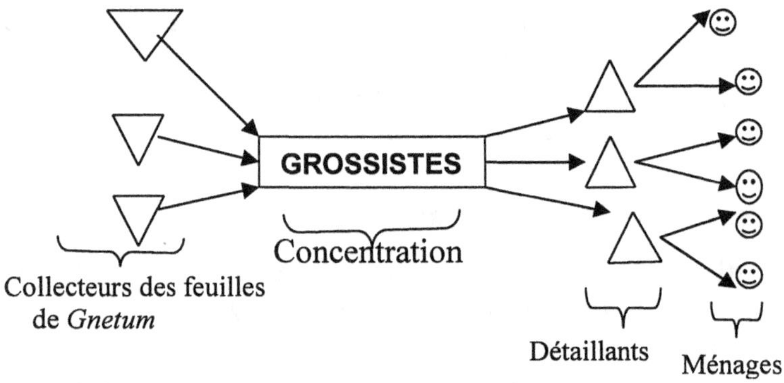

1) Les acteurs du circuit de commercialisation de *Gnetum*

Quatre types d'acteurs sont impliqués dans le circuit de commercialisation de feuilles de *Gnetum*. Il s'agit des producteurs, chargés de la cueillette ; des grossistes, qui jouent le rôle de fournisseur , assurant deux fonctions : l'évacuation et la vente en gros ; des détaillants, chargés de la vente au détail ; des consommateurs, constituant la demande au niveau des marchés de détail. Nous notons que les acteurs intervenant dans ce circuit sont de tous âges confondus.

Les producteurs

Les producteurs sont les premiers maillons de la chaîne de commercialisation. La cueillette des feuilles de *Gnetum* est faite par des jeunes (adolescents) et des adultes (hommes et femmes). Les jeunes exercent cette activité dans un but lucratif. Tandis que les adultes considèrent cette activité comme secondaire compte tenu de leurs travaux champêtres. Beaucoup de jeunes se servent de l'expérience acquise des parents pour exercer cette activité. Par contre, un petit nombre ayant été à l'école essayent de mettre en exergue la connaissance reçue dans la gestion de cette activité.
Les producteurs se lancent à la cueillette des feuilles de *Gnetum* une fois qu'ils ont reçu la commande. Le *Gnetum* étant un produit périssable, ne peut faire l'objet d'un stockage de plus de trois jours. La quantité cueillie est fonction de la demande exprimée par les grossistes. Le mode d'organisation des producteurs dans les différents villages est établi selon les jours de passage de certains véhicules laissant parfois des commandes. La monnaie reste au centre des échanges, elle est repartie selon la quantité de produits achetés. Le prix à ce stade reste invariable, 50 FCFA le paquet de feuilles de *Gnetum*. Afin de faciliter la cueillette et pour assurer une meilleure rentabilité, les collecteurs se repartissent en groupe dans les différents villages.

Les grossistes

Les grossistes sont chargés de l'évacuation du produit du lieu d'achat dans les villages à Brazzaville ; ils assurent la vente en gros. Pour la plupart, propriétaires de véhicules,

ils peuvent aussi les louer pour l'évacuation du produit. Une fois sur les localités des Plateaux ou de la Cuvette, les grossistes n'ont pas tous la même stratégie pour s'approvisionner en feuilles de *Gnetum*. Certains s'approvisionnent auprès de leurs parents, ce qui en minore quelque peu le coût d'achat ; d'autres en revanche achètent auprès des paysans, de village en village. Si le grossiste est à son premier voyage, pour faciliter son intégration dans ce secteur d'activité, il se confie généralement au chef du village ou à une personne influente qui se propose de lui rendre ce service. Les grossistes se servent de deux types de véhicules pour le transport des feuilles de *Gnetum ;* Les gros véhicules (Mercedes, Volvo, Berliet) et les petits véhicules (Toyota Stout, Peugeot bâché, etc.).
Les petits véhicules spécialisés dans le transport de ce produit peuvent transporter de la région au centre de Brazzaville des paquets de *Gnetum* achetés à des montants qui avoisinent les 200.000 à 400.000 FCFA. Par contre, les gros véhicules, compte tenu de leur capacité de chargement, ont tendance à diversifier les produits transportés afin d'accroître leur revenu. Ainsi, ils associent les feuilles de *Gnetum* à d'autres produits tels que le rotin, le poisson fumé, les *Landolphia* sp. (malombo), le manioc, le foufou,... De ce fait, les gros véhicules ne transportent que pour près de 200.000 FCFA de ce produit (*Gnetum*). Les gains perçus par les grossistes sont très élevés car achetant au prix unitaire de 50 FCFA et revendant généralement au prix de 100 FCFA le paquet. Au cours de la semaine et selon la localisation du lieu d'achat des produits, le véhicule en bon état peut effectuer deux voyages.

Les détaillants

L'analyse du circuit de commercialisation des feuilles de *Gnetum* sur les marchés de Brazzaville, montre que ce commerce est exclusivement du ressort des femmes jouant ainsi le rôle de détaillantes sur ces mêmes marchés. De ce point de vue, un certain nombre de questions se posent : Qui sont ces femmes? Comment vivent-elles? Combien gagnent-elles? D'où viennent-elles ? Pourquoi tiennent-elles une place aussi importante dans le commerce vivrier?

L'enquête réalisée a montré qu'autrefois cette activité était réservée aux femmes rurales arrivées nouvellement en ville. Mais aujourd'hui, exercent cette activité, les femmes nées pour la majorité à Brazzaville. Parmi ces femmes, nous constatons une forte proportion de veuves. Les femmes détaillantes nées à Brazzaville ont été initiées par leurs parents exerçant cette activité. Plusieurs raisons motivent le choix de l'activité : initiative personnelle, initiation d'un parent ou d'une amie, souhait des parents, ancienne activité ne marchant plus, héritage. Dans tous les marchés, les feuilles de *Gnetum* sont vendues après avoir subi une petite transformation. Elles sont découpées en fines lamelles disposées en tas de 50 FCFA. Les femmes commerçantes de diverses situations matrimoniales : célibataire, mariée, divorcée et veuve ont toutes à charge des enfants, des petits enfants ainsi que d'autres parents qui dépendent d'elles.

Ainsi, leur charge familiale est très lourde. Elles doivent participer à leur entretien et à celui de leurs enfants y compris des petits enfants sans oublier des neveux ou nièces.

La plupart d'entre elles reçoivent rarement, pour celles qui sont mariées, une aide de la part de leurs époux.

Tableau 25 : Nombre d'enfants et de personnes à charge

Nombre d'enfants et de personnes à charge	vendeuses	%
Aucun	6	6
1 – 2	13	13
3 – 4	27	27
5 – 6	32	32
7 – 8	13	13
9 – 10	7	7
11 et plus	2	2
Total	100	100

Source : calculs effectués à partir des données de l'enquête.

Le tableau 25 présente le nombre d'enfants et de personnes à la charge des vendeuses. Ainsi sur les 100 femmes interrogées, 94 ont de un à plus de onze enfants ou personnes à charge. Et les six autres n'ont pas d'enfants ou de personnes à leur charge. Et ces dernières sont généralement de jeunes filles dont l'âge pour la plupart n'excède pas 20 ans. Sur les 94 ayant à leur charge des enfants ou d'autres personnes, 32 femmes ont 5 à 6 enfants ou personnes à charge. Ces femmes sont pour la majorité mariées, vivant en concubinage, divorcées ou veuves. Deux femmes nous ont répondu avoir au plus 11 enfants ou personnes à charge. Ce sont des femmes en âge avancé et très fatiguées. Malgré les différentes charges énumérées, ces femmes arrivent à assurer l'entretien des personnes à charge.

Les consommateurs

Les consommateurs sont les derniers acteurs impliqués dans le circuit de commercialisation. Ils constituent la demande au niveau de différents marchés de Brazzaville.

Les feuilles de *Gnetum* peuvent se consommer à l'état cru, elles peuvent être ajoutées également aux plats avant la fin de la cuisson, découpées en fines lamelles au préalable. A Brazzaville, on sert, dans certains petits restaurants, des feuilles fraîches de *Gnetum* avec du poisson salé, et actuellement les populations congolaises de toutes les régions en consomment, alors que dans un passé encore récent, ce produit était une spécialité régionale. Ce changement d'habitudes alimentaires peut s'expliquer par le mélange des populations de différentes régions qui s'est intensifié au cours de ces dernières années, ainsi que l'affirme Mialoundama (1996).

De nombreux restaurants de Brazzaville et ménages proposent des spécialités à base de feuilles de *Gnetum*. Les consommateurs interrogés ont affirmé qu'il y a une pluralité de recettes de *koko* (Mialoundama et al.,. 2001). De ces nombreuses recettes, nous avons retenu notamment celles : du Mukalu au *koko* (poisson fumé et séché + *koko*); des chenilles au *koko* ; du bœuf au *koko* ; de ''3 pièces'' (poisson salé + pâte d'arachide + *koko*). Les feuilles de *Gnetum* ont une teneur en protéines voisine de 16% du poids sec (Mialoundama, 1988).

Sur les 100 consommateurs interrogés, la fréquence de consommation de ces différentes recettes varie d'une à plus de trois fois dans la semaine comme le montre le tableau ci-après :

Tableau 26 : Fréquence de consommation du koko dans la semaine

Nombre de fois dans la semaine	1	2	3	Plus de 3
%de consommateurs	13	32	34	21

Source : calculs effectués à partir des données de l'enquête

Le tableau 26 montre que sur 100 consommateurs interrogés, plus d'un tiers (34%) consomment le koko trois fois par semaine, 32% en consomment 2 fois par semaine.
Ils sont plus de 20% qui consomment le koko plus de 3 fois dans la semaine. La plupart des consommateurs interrogés affirment que le koko est le principal produit qui entre le plus dans leur alimentation. Une étude faite par Ofoueme Berton (1995) montre qu'entre juillet et août 1989, la fréquence moyenne d'apparition du koko dans les recettes préparées par les ménages était estimée à 286 contre 136 pour le Saka-Saka et 97 pour le haricot. Il était ressorti de cette étude, que la sauce la plus fréquemment consommée est le koko/poissons/pâte d'arachide (trois pièces).

L'enquête réalisée (tableau 27) montre que, les critères qui expliquent la forte fréquence de consommation de koko sont surtout le goût et le coût.

Tableau 27 : Effectif des consommateurs du *Gnetum* selon la catégorie socioprofessionnelle

Critères de consommation / Catégories ou secteurs	Goût	Coût	Autres raisons	Total
Public	18	11	3	32
Privé	21	6	0	27
Informel	30	8	3	41
Total	69	25	6	100

Source : calculs effectués à partir des données de l'enquête

Sur 100 consommateurs interrogés, 69%, tous secteurs d'activité confondus (secteur privé, secteur public, secteur informel) consomment les feuilles de *Gnetum* en raison du goût, 25% en raison du coût moins élevé, contre 6% pour multiples raisons.

2) Marchés de vente en gros

Sont considérés comme marchés de vente en gros , tous les lieux (même n'ayant pas de statut d'un marché) où s'effectue la vente en gros de feuilles de *Gnetum* entre les différents acteurs commerciaux de ce circuit. A cet effet, nous avons répertorié l'unique marché Tâ Nkombo, lieu d'approvisionnement de tous les détaillants de Brazzaville. Le marché Tâ Nkombo est situé dans le 7e Arrondissement (Mfilou) le long de la Nationale 2 où il reçoit les véhicules venant de la partie nord du pays. C'est un marché très fréquenté par la population du fait de l'abondance des produits vivriers.

Le marché « Tâ Nkombo » accueille un nombre important de commerçants venus du fin fond de la ville et de ses environs. Plusieurs véhicules de toute sorte, chargés de feuilles de *Gnetum* se confrontent quotidiennement à cet endroit. Les droits d'accès à la vente en ce lieu sont fixés à 2 000 FCFA par jour pour les grossistes. Toutefois, lorsqu'il devient difficile d'écouler tout le produit en ce lieu, les grossistes s'acheminent vers les marchés périphériques pour y effectuer la vente.

Section 2 : L'organisation de la commercialisation et impact socio-économique du G*netum*

Ici, nous nous sommes intéressés d'abord aux marchés où s'effectue la vente au détail du produit et ensuite aux avantages socio-économiques générés par le commerce de feuilles de *Gnetum*. Le marché est un contrat passé entre un acheteur et un vendeur.

En général, le marché est le lieu public de vente de biens ou de services, le lieu où s'effectuent les transactions, l'ensemble des offres et des demandes. D'après les économistes contemporains, «le marché d'un bien est le lieu de rencontre à un instant donné de la volonté exprimée par leur demande et le désir de production exprimé par leur offre». Dans une économie moderne, les échanges se caractérisent par une organisation des offres et des demandes relatives à tel bien ou tel service.
Sur le marché dont le rôle est de faciliter au mieux des échanges et d'orienter l'économie, se forment les prix qui, dans une économie libre, sont les régulateurs de l'activité économique. Le système d'organisation qui s'affirme ici est centralisé. L'organisation est telle que, l'information est régie par les grossistes qui constituent le pôle de décision. Grâce à ce pouvoir, ils établissent le prix sur les marchés qui est le lien de communication possible avec les consommateurs.

I) Les marchés de détails

Brazzaville et ses environs regorgent de plusieurs lieux de vente au détail. A chaque Arrondissement correspond un marché dominant où s'échangent divers PFNL. Ces marchés sont bien approvisionnés en produits vivriers et offrent un large éventail de produits en provenance des forêts, tels que : safou, viande de chasse et feuilles de *Gnetum* en ne citant que ceux-là.
Dans les marchés visités, l'organisation des vendeuses pour chaque produit spécifique est coordonnée par un noyau autour duquel se trouve un responsable, une cheftaine dans le cas de la vente de feuilles de *Gnetum.*
L'enquête montre que le commerce des feuilles de *Gnetum* est basé sur des principes laborieusement élaborés pour quiconque veut exercer cette activité.
L'adhésion d'un membre est censurée par le versement des droits. Par exemple au marché Total, les droits d'adhésion pour occuper une table sont fixés à 5.000

FCFA, tandis qu'aux marchés de Bifouiti et de Sukissa, ils s'élèvent respectivement à 3600 et 1500 FCFA. Le respect formel du prix de vente fixé à 50 FCFA dans tous les lieux de vente au détail est de rigueur, quelle que soit la période. Toutefois, le mode d'accès à la commercialisation de feuilles de *Gnetum* n'obéit pas toujours aux conditions ou principes cités ci-dessus. L'enquête révèle que certaines revendeuses anciennes sont animées d'un esprit de domination ou de supériorité. L'accès au marché paraît facile pour certaines nouvelles revendeuses qui bénéficient de la protection d'une ancienne qui maîtrise le réseau de commercialisation de feuilles de *Gnetum.* Malgré ces conditions du mode d'accès dans le marché de détail, les effectifs des revendeuses sont très élevés (tableau 28).

Tableau 28 : Effectifs des femmes commerçantes de feuilles de *Gnetum* dans huit marchés de Brazzaville

Noms de marchés visités	Effectifs
Sukissa	100
Moukondo	37
Ouenzé	80
Plateaux de 15 ans	69
MarchéTOTAL	150
Commission	50
Bifouiti	68
Bourreau	52
Total général	606

Source :Chiffres obtenus à partir des données de l'enquête

Notre enquête a porté sur huit différents marchés de la ville. Ce tableau révèle que les marchés Total et Sukissa contiennent chacun un nombre plus élevé de vendeuses de feuilles de *Gnetum*. En dehors de ces deux marchés, il faut compter les marchés Ouenzé, Plateaux de 15 ans et Bifouiti qui comptent respectivement un nombre de vendeuses important. Dans la réalité, les raisons qui expliquent ces effectifs élevés sont plus ou moins les mêmes au niveau des marchés. Toutefois, l'importance du marché est un facteur très déterminant de la vente de feuilles de *Gnetum*. Les vendeuses commercialisent le produit sur des tables tandis que les autres étalent le produit sur les sacs de jute qui sont posés à même le sol. Parmi les marchés visités, l'enquête a révélé que les deux marchés Total et Sukissa reçoivent pendant six jours de vente dans la semaine un plus grand nombre d'effectifs de vendeuses détaillantes. En Afrique, la vente de feuilles de *Gnetum* s'effectue uniquement dans les marchés et parfois à même le sol. Cependant, « En France et en Belgique, les feuilles de *Gnetum* sont vendues dans deux types de commerce : les épiceries tropicales et les marchés tropicaux de quartiers. A Paris, on trouve environ 50 épiceries de produits tropicaux dont la plupart ont été ouvertes après 1982. Par contre avant le développement des épiceries tropicales, les marchés tropicaux de quartier étaient les seuls débouchés pour les feuilles de *Gnetum* d'Afrique. Leur nombre est passé de 6 vers la fin des années 70 à environ 100, dans Paris et sa banlieue» (Tabuna, 1999).

1) Les quantités

En raison du caractère informel de cette activité, il est difficile à partir des données primaires recueillies, de les quantifier suivant un ordre spécifique.

La rareté des recherches sur ce type d'études relatives à la commercialisation est partiellement imputable au manque des supports méthodologiques concernant une approche quantitative. Peu d'études existent dans le domaine de la commercialisation des PFNL, ce qui pose le problème de méthodologie de recherche. Nous retenons néanmoins la démarche suivante : Connaître le nombre moyen de paquets vendus par jour puis déterminer, le poids frais et le poids sec des tas vendus afin de pouvoir quantifier le produit. La quantité journalière vendue donne un ordre de grandeur sur le gain journalier, ce qui est un indicateur de l'impact économique de la population interrogée. Par rapport aux effectifs interrogés dans chacun de ces huit marchés, les marchés Total et Sukissa nous serviront de marchés échantillons dans la détermination des quantités vendues par jour. Sur ces deux marchés, nous avons interrogé un grand nombre d'effectifs. En plus, l'un des deux marchés, Sukissa, est plus proche du lieu d'approvisionnement et l'autre, Total, plus éloigné de ce lieu. Ce facteur nous permet d'observer la variation des paramètres, quantité et gain journalier (tableau 29).

Tableau 29 : Illustration de la relation nombre de paquets vendus et gain Journalier : cas du marché ''Total'' de Bacongo

x_i	y_i	n_i	n_ix_i	n_iy_i
10	2000	3	30	6000
15	3000	4	60	12000
15	3750	3	45	11250
16	3200	2	32	6400
20	5000	2	40	10000
20	4000	2	40	8000
25	5000	2	50	10000
30	6000	2	60	12000
		$\Sigma n_i=20$	$\Sigma n_ix_i=357$	$\Sigma n_iy_i=75650$

Source ; Calculs effectués à partir des données de l'enquête
x_i : Nombre de paquets vendus la journée; y_i ;Gain journalier des vendeuses (en FCFA) ; n_i : Effectif selon le gain journalier ; X : Moyenne du nombre de paquets vendus la journée par vendeuse; Y : Moyenne du gain journalier par vendeuse (en FCFA).

A partir du tableau 29, il ressort que 20 paquets sont vendus la journée au marché Total pour un gain journalier de 3 785 FCFA par vendeuse.

Tableau 30 : Illustration de la relation nombre de paquets vendus et gain journalier : cas du marché Sukissa

z_i	w_i	n_i	n_iz_i	n_iw_i
10	2000	3	30	6000
15	3000	4	60	12000
15	3500	2	30	7000
17	1500	3	51	4500
20	4000	1	20	4000
23	4300	1	23	4300
25	5000	1	25	5000
30	6000	2	60	12000
35	4000	1	35	4000
35	5000	1	35	5000
37	5400	1	37	5400
		$\Sigma n_i=20$	$\Sigma\ n_iz_i=406$	$\Sigma\ n_iw_i=69200$

Source : Calculs effectués à partir des données de l'enquête

z_i : Nombre de paquets vendus la journée

w_i : Gain journalier des vendeuses (en FCFA)

n_i : Effectif selon le gain journalier

Z : Moyenne du nombre de paquets vendus la journée par vendeuse

W : Moyenne du gain journalier par vendeuse (en FCFA)

Comme pour le tableau 29, il ressort que 20 paquets sont vendus la journée au marché Sukissa pour un gain journalier de 3 460 FCFA par vendeuse (tableau 30). Afin de déterminer les quantités moyennes vendues la journée, nous avons prélévé un échantillon de quarante tas au prix de 50 FCFA le tas, (20 tas par marché). Par la suite, il nous a été possible à l'aide d'une balance de précision de déterminer les poids frais et secs. Pour déterminer le poids sec, nous avons mis à l'étuve portée à 105°C, les différents tas de feuilles découpées en fines lamelles durant 24 heures. Le tableau 31 donne les résultats de cette expérience.

Tableau 31 : Résultats des différents prélevements du poids frais et poids sec : Cas du marché « Total ».

N° d'échantillon	Poids frais (en g) Pf_l	Poids sec (en g) Ps_l	Carré des écarts du Poids frais (en g) $(Pf_l - Pf_l)^2$	Carré des écarts du poids sec (en g) $(Ps_l - Ps_l)^2$
1	23,8	7,3	1,69	0,0016
2	28,8	7,9	13,69	0,40
3	23,9	6,4	1,44	0,73
4	26,6	8,5	2,25	1,53
5	21,3	6,6	14,44	0,43
6	25,1	8,0	0	0,54
7	23,0	6,0	4,41	1,58
8	23,7	8,0	1,96	0,54
9	22,2	5,1	8,41	4,66
10	24,6	8,0	0,25	0,54
11	25,6	6,9	0,25	0,12
12	25,1	6,5	0	0,57
13	26,8	7,8	2,89	0,29
14	28,2	8,8	9,61	2,37
15	26,6	7,6	2,25	0,11
16	22,2	5,3	6,25	3,84
17	23,4	6,9	2,89	0,12
18	30,0	9,1	24,01	3,38
19	29,7	8,9	21,16	2,68
20	21,0	5,7	16,81	2,43
Total	502,0	145,3	134,66	26,86

Source : Résultats obtenus à partir des tas prélevés lors de l'enquête
Pf_l : Poids frais moyen (en g)
Ps_l : Poids sec moyen (en g)

Nous constatons que les poids frais et secs moyens obtenus pour un échantillon de 20 tas sont plus élevés au marché Sukissa qu'au marché Total (tableaux 31 et 32), soit une différence moyenne respective en poids frais de 3,88 g et de 3,61 g en poids sec. Ces écarts trouvent leur explication dans la prise en compte de la distance séparant les deux marchés du lieu d'approvisionnement. Les tas vendus dans les marchés périphériques sont influencés par le coût de transport supporté par les vendeuses. Ainsi, les tas vendus dans les marchés périphériques ont un poids moins élevé que ceux vendus dans les marchés se trouvant plus proche du lieu d'approvisionnement. Toutefois, les différences enregistrées pourront-elles être attribuées à des simples écarts fortuits ou le marché de Sukissa doit-il être considéré comme vendant des tas plus gros ?

Tableau 32 : Résultats des différents prélevements du poids frais et poids sec : Cas du marché Sukissa

N° d'échantillon	Poids frais (en g) Pf_2	Poids sec (en g) Ps_2	Carré des écarts du Poids frais (en g) $(Pf_2 - Pf_2)^2$	Carré des écarts du poids sec (en g) $(Ps_2 - Ps_2)^2$
1	32,6	11,1	13,10	0,05
2	30,6	8,6	2,62	5,15
3	23,4	11,2	31,13	0,10
4	31,1	11,5	4,49	0,39
5	31,8	10,6	7,95	0,07
6	34,8	13,4	33,87	6,40
7	36,6	13,6	58,06	7,45
8	22,8	9,7	38,19	1,36
9	27,1	10,7	3,53	0,02
10	28,3	10,9	0,46	0,0009
11	20,2	10,3	77,08	0,32
12	31,1	10,6	4,49	0,07
13	22,1	10,4	47,33	0,22
14	35,9	12,2	47,88	1,76
15	41,0	14,2	144,48	11,08
16	32,0	11,6	9,12	0,53
17	23,2	9,6	33,40	1,61
18	22,5	8,2	41,99	7,12
19	32,6	10,9	13,10	0,0009
20	20,0	8,2	80,64	7,12
Total	579,7	217,5	692,91	50,82

Source : Résultats à partir des tas prélevés lors de l'enquête
Pf_2 : Poids frais moyen (en g)
Ps_2 :Poids sec moyen (en g)

La comparaison de deux moyennes par le test de student révèle que la différence des moyennes de deux échantillons est tout à fait significative, et que les tas vendus au marché Sukissa sont nettement plus gros que ceux vendus au marché Total. L'apport en terme de quantité est plus bénéfique pour les consommateurs qui achètent les tas de feuilles de *Gnetum* au marché Sukissa qu'au marché Total.

Par ailleurs, le commerce des feuilles de *Gnetum* dans sa qualité d'activité informelle nous a fait comprendre que les femmes vendeuses de ce produit ne s'accordent pas toutes sur le nombre de tas que génère un paquet. Dans cette controverse, toutes du moins, confirment qu'un paquet de 100 FCFA découpé en fines lamelles ressort souvent quatre tas de 50 FCFA. Aussi, pouvons nous déduire qu'un paquet aux marchés Total et Sukissa a en moyenne respectivement un poids frais de 100,4 g (4 Pf_1); et de 115,9 g (4 Pf_2).

Il ressort que les quantités moyennes vendues journalièrement dans les deux marchés sont respectivement 1807,2g (4 Pf_1 x18) et 2318,4 g (4 Pf_2 x 20) par vendeuse. Les quantités moyennes obtenues varient en fonction des fluctuations du prix d'achat des vendeuses détaillantes.

2) Les prix

L'analyse des prix occupe une place particulièrement importante dans le circuit de commercialisation. Pour Grégory Scott et Dany Griffon (1998), « les prix constituent l'un des principaux indicateurs économiques entre l'offre et la demande. Les données sur les prix sont souvent les informations sur les marchés les plus faciles à obtenir, voire les seuls disponibles dans les pays en développement ».

La fixation des prix des PFNL d'Afrique Centrale n'est soumise à aucune reglèmentation particulière. Des enquêtes menées entre janvier et juillet 1997 par Tabuna (1999) ont montré que certains produits avaient des prix fixes (*Gnetum* sp, feuilles de manioc, ...) et ne semblaient pas dépendre des fluctuations de l'offre et de la demande. Après notre enquête, nous avons constaté que le prix de vente de gros d'un paquet de feuilles de *Gnetum* est couramment fixé à 100 FCFA. Mais depuis un certain temps, affirment les femmes vendeuses, celui-ci connaît une fluctuation pour multiples raisons. Quand le grossiste se retrouve en face d'une multitude d'acheteurs, il fixe le prix à 125 voire 150 FCFA. Cependant, dans le cas inverse le prix peut baisser jusqu'à 75 FCFA. Cette dernière situation se produit lorsque le grossiste n'a pu écouler son produit même après s'être rendu sur le marché de détail. Le prix est généralement déterminé par la proportion entre la quantité du produit qui est réellement apportée sur le marché et la demande des vendeuses. Les fluctuations passagères du prix de gros sont aussi provoquées d'une part, par la présence sur les lieux d'approvisionnement des femmes commerçantes de la République Démocratique du Congo, car le *Gnetum* est de plus en plus rare en RDC (Tabuna, 2000); et d'autre part, les africains venant d'Europe viennent y acheter ce produit, pour revendre dans les épiceries et les marchés tropicaux d'Europe. En dehors de cette variable, il y a également la saison des pluies qui influe sur la disponibilité de la ressource.

Le prix de gros est considéré dans ce commerce comme le prix d'ajustement. La moindre fluctuation de ce prix entraine des effets de diminution ou d'augmentation des quantités vendues sur les marchés. Bien qu'à ce niveau, le prix soit maintenu constant (50 FCFA), les tas sur les marchés diminuent. La conséquence directe de cette variation est plus visible sur les marchés périphériques qui proposent des tas moins gros. Bien qu'étant organisé autour d'un certain nombre de principes, le commerce de feuilles de *Gnetum* reste une activité informelle. Les paramètres quantité et prix conditionnent les gains journaliers obtenus par les femmes commerçantes.

La superficie du marché à recevoir un grand nombre d'acheteurs joue également dans la perception des revenus. Ainsi, dans ce commerce, le prix de gros est un bon indicateur pour suivre l'évolution des variations du volume des tas et des gains journaliers perçus sur les marchés de proximité et de ceux plus éloignés du lieu d'approvisionnement. Partant de cette remarque, notre étude va par la suite s'intéresser aux variations dues au prix de gros sur les marges commerciales des commerçantes.

II) Les avantages socio-économiques du commerce du *Gnetum*

L'analyse de la commercialisation des produits vivriers en Afrique subsaharienne en général et au Congo en particulier est un phénomène à la fois économique et social. Ce phénomène fait apparaître l'existence d'échanges monétaires, d'un espace élargi de circulation des marchandidises, d'une division du travail généralement dans le secteur informel et d'une certaine homogéneité des modes de commercialisation. Selon Boserup (1983), « le processus de commercialisation de ce type d'activité place au centre, la prédominance des rapports marchands, la circulation monétaire validant ainsi des catégories économiques telles que, la formation des prix et des marges, du jeu de l'offre et de la demande, de l'accumulation du capital, de l'accaparement du surplus ou de rentes différentielles, etc ». Ainsi, nous examinons ci-après les marges commer- ciales et les liens qui peuvent exister entre les différentes variables retenues.

1) Les marges commerciales

Le concept de marge de commercialisation est presque inexistant dans le secteur informel. A ce sujet, il y a lieu de préciser qu'il existe une très grande différence entre marge de commercialisation et marge bénéficiaire du commerçant. Nombre d'observateurs confondent, à tort, marge de commercialisation et marge bénéficiaire. Pour Danny Griffon et Gregory Scott (1996), « une marge de commercialisation mesure la part du prix de vente final qui est captée par un agent particulier de la chaîne de commercialisation. Elle inclut les coûts et, généralement, mais pas nécessairement, quelques autres revenus nets ». Par contre la marge bénéficiaire exige la prise en compte de tous les coûts de commercialisation. Les activités d'échange ajoutent au produit, un gain de propriété et génèrent aussi un revenu pour les vendeurs. La totalité de ce revenu n'est pas un bénéfice pur. En réalité, une marge importante de commercialisation peut déboucher sur un gain limité ou nul, voire une perte pour le vendeur concerné. Tout dépend des coûts de commercialisation ainsi que du prix d'achat et du prix de vente. Pour le calcul des marges bénéficiaires des ventes de feuilles de *Gnetum,* nous avons considéré les marchés Total et Sukissa. Les calculs préalables établis (tableaux 29 et 30) nous ont permis de déterminer au niveau de ces deux marchés, la moyenne du nombre de paquets vendus journalièrement par vendeuse, le gain journalier moyen par vendeuse et le nombre de jours de vente dans la semaine. A partir de ces informations, il nous a été possible de dresser le tableau 33 ci-après.

Tableau 33 : Quelques paramètres pour la détermination des marges commerciales

Marchés de détail	Effectifs visités	Moyenne de la quantité vendue par mois en kg/vendeuse	Valeur en FCFA/ vendeuse	Coût de transport en FCFA/ vendeuse	Prix d'achat des paquets en FCFA	Marge nette mensuelle en FCFA
Marché TOTAL	20	43,37	90840	6000	43200	41640
Marché Sukissa	20	55,64	83040	0	48000	35040

Source : Calculs effectués à partir des données de l'enquête

Toutefois, il convient de souligner les multiples difficultés auxquelles nous avons fait face. Il s'agit entre autres de la méfiance manifestée à notre égard par certaines vendeuses. La prise en compte du concept ''coût'' est pour les vendeuses une donnée difficile à saisir. Cela s'explique par le fait que les vendeuses préfèrent dépenser leur énergie à parcourir des longues distances à pied, à utiliser le transport deux fois dans la semaine. Les vendeuses du marché Total s'approvisionnent en ce produit avec des frais de transport qui s'élèvent à 1500 FCFA par vendeuse. Celles du marché Sukissa, n'utilisent aucun moyen de transport moderne, donc ne subissent aucun contre coût, elles préfèrent marcher. La proximité du lieu d'approvisionnement pour les vendeuses de Sukissa explique cette attitude.

Le tableau 33 retrace les moyennes qui nous ont permis de déterminer les marges commerciales obtenues par les vendeuses aussi bien au marché Total qu'au marché Sukissa. Nous constatons que la marge obtenue par une vendeuse du marché Total est plus élevée que celle acquise par une vendeuse du marché Sukissa. Cela s'explique par le fait qu'au marché Total, on vend beaucoup plus et ce marché accueille plusieurs acheteurs venus de tous les coins de la ville. Par ailleurs, les tas vendus au marché Total sont plus petits que ceux vendus au marché Sukissa justifiant ainsi l'écart significatif des marges (6600 FCFA) entre les deux marchés. Cet écart égale pratiquement le coût de transport mensuel supporté par les vendeuses du marché Total. C'est avec ces gains que les vendeuses arrivent à faire face aux mêmes préoccupations que les fonctionnaires ou les agents du secteur privé. Qu'il soit affecté ou non à tel ou tel type de dépense, le revenu résultant de l'activité de la femme est suffisamment important pour modifier la consommation et l'épargne des ménages.

Grâce à ce revenu, ces femmes sont en mesure de supporter l'éducation scolaire et l'état sanitaire des personnes à charge. Nous pouvons dès lors affirmer que, le supplément de revenu ainsi généré par la commercialisation des feuilles de *Gnetum* permet de réduire des inégalités de revenu entre les ménages. En plus, cette activité commerciale est génératrice entre autres des revenus moyens qui vont dans certains cas au-délà du salaire minimum interprofessionnel garanti (SMIG) des travailleurs des entreprises relevant du régime de la durée légale de travail hebdomadaire de quarante heures. Ce salaire de vingt trois mille cinq cent (23.500FCFA) par mois, soit cent trente six Francs CFA par heure, est resté inchangé depuis son décret N°84/552/S.G.G du 20 juin 1984 dans son article 1er . Les revenus 41 640 et 35 040 FCFA observés respectivement aux marchés Total et Sukissa sont bien au-délà du SMIG ; les vendeuses peuvent donc être classées comparativement à des employés des catégories professionnelles et échelons définis par voie réglementaire pour les activités non régies par les conventions collectives. Une vendeuse de feuilles de *Gnetum* du marché Total qui en moyenne dispose d'une marge commerciale de 41640 FCFA par mois a pratiquement le même salaire qu'un employé de la sixième catégorie qui perçoit un SMIG de 42 085 FCFA. Tandis que celle du marché Sukissa avec 35 045 FCFA serait comparable à un employé de la cinquième catégorie du deuxième échelon. D'une manière générale, les revenus générés par le commerce des feuilles de *Gnetum* offrent aux innombrables femmes qui exercent cette activité la possiblilté de pouvoir augmenter leur consommation individuelle et collective.

2- Les liens entre les différentes variables

Nous présentons ici les différentes variables qui expliquent la forte consommation du *Gnetum.* Il s'agit de montrer à l'aide d'analyses statistiques, les motivations qui sont au centre de la consommation de feuilles de *Gnetum* par les différents agents interrogés. Devant une multitude de consommateurs de feuilles de *Gnetum*, nous nous sommes interrogés sur la catégorie socioprofessionnelle qui consomme ce produit. Par la suite, il sera intéressant de connaître le fondement d'un tel comportement de choix porté par une catégorie donnée. Existe-t-il un lien entre la catégorie socioprofessionnelle et la consommation de feuilles de *Gnetum* ?

Pour essayer de répondre à cete interrogation, nous avons utilisé le test statistique de khi-deux (χ^2) à partir des données de l'enquête. Le résultat de ce test montre qu'il n' y a pas de différence significative dans la consommation du *Gnetum* pour les individus du secteur public, privé et informel. C'est pour ainsi dire que le *Gnetum* reste un produit consommé fréquemment par les personnes interrogées. Il n' y a pas de préférence spécifique dans la consommation du *Gnetum* par les catégories socioprofessionnelles. Les consommateurs du *Gnetum* éprouvent le même désir de retrouver ce produit à table. L'enquête montre que les raisons traduisant le désir de consommer ce produit sont à rechercher dans la tradition culinaire, l'orgueil national (retrouver les habitudes alimentaires du pays), le marquage culturel.

Conclusion

L'impact de la commercialisation du *Gnetum* sur l'économie des ménages est négligé des économistes. Les difficultés méthodologiques pour mesurer cet impact sont grandes, en particulier en raison du manque de données fiables (en série) et du caractère informel dans lequel se trouve encore cette activité. Néanmoins, l'évaluation de cet impact a été rendue possible à partir de l'approche filière notamment, l'analyse du circuit du *Gnetum*, des différents coûts retenus, des marges et des prix. Une approche statistique nous a permis d'apprécier les écarts relévés des quantités et la significativité des variables choisies. Brazzaville regorge actuellement d'une diversité d'activités appartenant pour la plupart au secteur informel. Ce dernier reste le secteur le plus sollicité, car nourrissant la majeure partie de la population. De nombreux citadins et paysans sont à la quête d'un emploi pour subvenir à leurs multiples besoins. Plus touchées par le manque d'emploi que les hommes, le commerce de feuilles de *Gnetum* dans divers marchés de la ville offre aux nombreuses femmes la possibilité d'avoir un revenu qu'elles n'auraient jamais sans ce commerce. Elles parviennent ainsi à satisfaire les multiples besoins de leurs enfants, de personnes âgées dont elles ont la charge, puisque devenues détentrices d'un revenu, au même titre que les employés de l'Etat, grâce au commerce de feuilles de *Gnetum*. Le secteur informel revêt dans ces conditions une importance considérable.

Notre étude a évalué l'effectif des femmes détaillantes dans les huit marchés visités, soit un total de 606 femmes. Nous avons constaté que les feuilles de *Gnetum* rendues Brazzaville sont vendues par les grossistes deux ou trois fois plus chères que le prix d'achat auprès des villageois. Cette attitude des grossistes peut s'expliquer soit par les difficultés rencontrées en saison de pluies (réseau routier se déteriorant par l'érosion), soit par le phénomène d'oligopole (quelques vendeurs seulement devant une multitude d'acheteurs). Pour ces femmes détaillantes de divers horizons (célibataires, mariées, veuves, peu ou pas scolarisées), le commerce de détail des feuilles de *Gnetum* constitue un véritable débouché. Opérant dans divers marchés, toutes s'approvisionnent au marché Tâ Nkombo (marché situé à l'extrême nord de Brazzaville). Elles ont su donner à ce petit commerce une organisation fonctionnant sur des principes parfois subjectifs. Le secteur de commercialisation de feuilles de *Gnetum* est livré à la concurrence, à la faible intensité de capital et à la forte intensité de travail.

Ces femmes arrivent en moyenne à vendre d'énormes quantités de produits qui laissent entrevoir les marges importantes pour une telle activité. Bien que l'analyse statistique ait révélé une significativité d'écart sur le poids des tas vendus aux marchés périphériques et de proximité du lieu d'approvisionnement, ces écarts moyens n'empêchent pas aux commerçantes des marchés périphériques de réaliser un revenu supérieur à celui des autres vendeuses. Il était dès lors important de comparer les revenus obtenus dans certains marchés de la ville avec le salaire minimal établi par le gouvernement en vue de mesurer l'intérêt de ce commerce qui ne fait qu'attirer chaque jour un nombre croissant de femmes vendeuses.

De manière générale, les revenus perçus par ces femmes sont ni trop faibles ni trop élevés, mais tout de même au-delà du SMIG dans la mesure où les revenus de ces femmes vendeuses sont pratiquement les salaires de base des employés de la 5ème voire 6ème catégorie (35.040 FCFA et 42.085 FCFA) de la fonction publique. Cette différence nous a permis de réaliser qu'une très importante masse monétaire circule dans ce secteur grâce au commerce de feuilles de *Gnetum*. L'impact de la commercialisation de feuilles de *Gnetum* est alors évident. Il va dans le sens où les femmes vendeuses peuvent subvenir à leurs multiples besoins au même titre qu'une bonne partie des employés de la fonction publique (logement, consommation, santé, éducation, achat des biens et équipements).

L'enquête a révélé aussi que les feuilles de *Gnetum* sont un produit très consommé par les Congolais indifféremment de la catégorie socioprofesionnelle. Cela se justifie par la diversité de recettes qui sont les repères de la plupart des Congolais. Depuis quelques années, on assiste à la disparition des forêts dans certaines régions du fait surtout des modes de cultures et des feux de brousse. Des catastrophes écologiques avec des répercussions directes sur notre alimentation sont donc prévisibles si des mesures efficaces ne sont pas prises à temps pour stopper cette situation. Le mode de cueillette (déracinement de la plante entière) contribue malheureusement à la disparition progressive de cette espèce végétale: le *Gnetum.* Dans certaines forêts, les pieds de *Gnetum* se font déjà rares, dans d'autres, ils ont presque disparu. Il est donc temps de prendre conscience que toutes les ressources naturelles peuvent s'épuiser et les nôtres ne feront pas exception, c'est le cas des PFNL.

La dynamique de la commercialisation des feuilles de *Gnetum* à Brazzaville se heurte à quelques difficultés, notamment celles liées aux infrastructures et au manque d'organisation de la filière. C'est pourqoui il convient de :

- définir une réglementation pour ce commerce en particulier et pour celui des autres PFNL en général ;
- réussir à concilier l'écologie et l'économie des espèces végétales ;
- mettre en place des mesures adéquates pour lutter contre la surexploitation des espèces végétales en particulier du *Gnetum* ;
- mettre en place des programmes de développement pour assurer la bonne gestion des PFNL dans chaque localité.

Ce travail devra être appuyé par les organismes de développement (ONG et associations), les bailleurs de fonds, les organismes internationaux (FAO, PNUD, Banque

Mondiale,...) et les pouvoirs publics. Les statistiques sur les revenus engendrés par les feuilles de *Gnetum* sont incomplètes. Les paysans cueillent, transforment et vendent ce produit sans tenir de comptabilité. Les pouvoirs publics doivent créer des filières de formation en marketing en commerce international et de développement en vue de mettre sur le marché international des PFNL compétitifs.

Bibliographie

Arbres, Forêts et Communautés Rurales : « Les arbres ne donnent pas que du bois, *Bulletin FTPPN*°9. IPD/AC, avril 1997, P_{44}

BIT : Programme des emplois et des compétences techniques pour l'Afrique (service Pelta). Secteur informel et emploi RPC, Addis Abeba, janvier 1982, p_4

BOSERUP E. (1983) : La femme face au développement économique ; In : Les femmes commerçantes de poisson fumé et salé sèché sur les marchés de Brazzaville : Mémoire de Maitrise d'Histoire, Université Paris VII, 1986-1987, P_{84}

CATRIONA P (1999) : Fruits de la forêt ; In : ''*Bulletin Actualités des forêts tropicales*'', Vol7 N°1, p_1

DIATA H (1989) : Ajustement structurel au Congo ; In : *Revue Tiers monde*, txxx, n°117, janvier – mars, $p._{187}$
Grands courants de la pensée économique (1990) : 3ème édition, PUG, $p._{214}$

JACQUEMOT P & RAFFINOT M (1998) : « La nouvelle politique économique en Afrique », Edition EDICEF/ AUPELF, $p._{118}$

LACHAUD, J.P. (1996) : « Contribution du secteur informel en Côte d'Ivoire, cas du secteur habillement à Abidjan », Edition Université de Bordeaux I, p. 2.

Livret économique du Congo : Département de l'Economie et des Finances de la Présidence de la République, 2000, p. 8

MIALOUNDAMA, F. (1985) : Etude de la croissance rythmique chez le *Gnetum africanum*.Thèse de Doctorat d'Etat ès Sciences Naturelles. Université d'Orléans, 156 p.

MIALOUNDAMA, F. (1988) : Intérêt alimentaire des feuilles de *Gnetum africanum* Welw, *Gnétacée* très répandue en Afrique centrale. *Muntu, Revue scientifique et culturelle du CICIBA*, n°8, p.161-170

MIALOUNDAMA, F. (1996) : « Intérêt nutritionnel et socioéconomique du genre *Gnetum* en Afrique centrale. » In : l'Alimentation en forêt tropicale : interactions bioculturelles et perspectives de développement (Vol 1. *Les ressources alimentaires: production et consommation*). C. M.HLADIK. A.HLADICK.O. F.LINARES. H. PAGEZY et. A. FROMENT. Edition UNESCO, Paris , Chapitre 15 P221-227

MIALOUNDAMA, F. GOMA MOUYOKANI, et GAMI, N.(2001) : *La Cuisine Congolaise*. Editions L'Harmattan, Paris, 216p.

Nations Unies (1990): Commission économique pour l'Afrique : « Rapport sur l'amélioration du rôle de la femme dans le secteur informel ; Production et Gestion, Synthèse des études pilotes de cas en Zambie », P5

NDOYE, O. & RUIZ PEREZ, M. (1999) : « Le commerce transfrontalier et intégration régionale en Afrique

centrale : cas des produits forestiers non ligneux », Edition CIFOR. Arbres, *Forêts et communautés rurales* n°17, P4
Non-Wood News « Les échanges des PFNL de l'Afrique», *Bulletin Non-wood Forest products. FAO*, n°8, march 2001, $P_{8,19-20}$

OFOUEME BERTON, Y. (1995): La consommation In Filières maraichères à Brazzaville, Stratégies des acteurs et dynamiques des échanges; chapitre IV. Edition CIRAD-FLHOR Agricongo, Agrisud International. P_{71-86}

SALLES, P. (1973) : « *Initiation économique et sociale : aspects techniques, économiques et sociaux du monde contemporain* » Tome II, 6ème édition DUNOD, Paris, $p._{156}$

SCOOT, G. & GRIFFON, D. (1999) : « *Prix, Produits et Acteurs : Méthode pour analyser la commercialisation des produits agricoles dans les pays en développement* », Edition karthala, CIRAD et CIP, $p._{22,24,292}$

TABUNA, H. (1999) : « Le marché des PFNL de l'Afrique Centrale en France et Belgique : Produits, acteurs, circuits de distribution et débouchés actuels ». Document spécial du CIFOR n°19 CIFOR. Indonésie $p._{27.}$

TABUNA, H. (2000) : Evaluation des échanges des PFNL entre l'Afrique subsaharienne et l'Europe, In Non-Wood News, $p._{5-20}$

YOUNG, R..H. & MacCORMAC C.W (1989) : Etude de marché pour les produits et les procédés alimentaires dans les PED, OTTAWA. Ont. CRDI, $p._{17}$

CHAPITRE 9 : LE MARCHE DU *GNETUM* EN EUROPE

Honoré Tabuna

1) Introduction

Liane de sous-bois dont les deux espèces, le *Gnetum buchholzianum* et le *Gnetum africanum* poussent en Afrique Occidentale et Centrale (Mialoundama, 1985), le *Gnetum* est recherché pour ses feuilles riches en protéines. Celles-ci entrent dans les préparations de plusieurs sauces au Nigeria, en Angola et dans les pays du bassin du Congo (Cameroun, Centrafrique, Congo-Brazzaville, Congo-Kinshasa, Gabon et Guinée Equatoriale). Cueillies dans les zones rurales, une partie est destinée à l'autoconsommation, une autre, la plus importante, est utilisée à des fins commerciales sur les marchés des grandes villes (Bangui, Brazzaville, Douala, Kinshasa, Lagos, Libreville, etc.) des pays producteurs (Makita-Madzou et al, 1993 ; Mialoundama, 1996), dans les échanges transfrontaliers (Ndoye et Ruiz-Perez, 1999) et à l'exportation vers certains pays européens (Tabuna, 1999 ; 2001). Si le commerce national et transfrontalier existent depuis plusieurs années, en revanche l'exportation vers l'Europe l'est depuis les années 70. L'histoire de l'exportation du *Gnetum* est iden- tique à celle de plusieurs aliments traditionnels de l'Afrique Centrale, comme le *safou* (*Dacryodes edulis*), le *saka saka* ou *nkuem* (*Manihot esculenta*), le *kwanga* ou la *chikwangue* (*Manihot esculenta*) et le *ndolè* (*Vernonia sp.*) décrite par Tabuna (2000). En évolution constante depuis les années 82, le commerce du *Gnetum* en Europe, après avoir débuté dans trois pays (Belgique, France et Royaume-Uni), s'est étendu à d'autres pays européens, comme l'Allemagne, l'Italie, la Suisse, les Pays-Bas et le Portugal. Après avoir situé la place du marché du *Gnetum* sur le marché européen des aliments, cet article abordera l'analyse de la demande (identité et profil des consommateurs, taille du marché,..) et de l'offre (typologie des produits vendus, pays exportateurs, points de vente, etc.). Après, nous décrirons les perspectives de ce marché.

2) Méthodologie

Pour étudier le marché du *Gnetum*, nous avons utilisé les approches du marketing et de la botanique économique, segment de l'ethnobiologie, elle-même située au carrefour de plusieurs disciplines économiques et biologiques (Barrau, 1971). Les outils de l'ethnobotanique nous ont permis de concevoir les enquêtes relatives à la typologie des produits sur les points de vente. Nous avons exploité les concepts marketing pour conduire les interviews auprès des acteurs, ressortissants de l'Afrique subsaharienne ou non, spéciali- sés dans le commerce des aliments africains en Europe. Nos enquêtes se sont déroulées en 2000 dans cinq villes, Bruxelles, Lisbonne, Londres, Madrid, Paris et en 2001 à Rome. En France, nos enquêtes se sont également déroulées en 1997 dans les villes de province, comme Bordeaux, Orléans, Lyon, Marseille, Montpellier et Toulouse, mais seuls les résultats récents, c'est-à-dire ceux obtenus en 2000 et 2001 sont publiés dans cet article. Pour

mener à bien l'étude sur l'identification des produits vendus, nous nous sommes inspirés de l'approche méthodologique utilisée par Woldesselassié (1989) et Walujo (1985). Ces auteurs avaient respectivement réalisé les études ethnobotaniques des plantes alimentaires consommées par les Africains et les Vietnamiens à Paris. Après avoir localisé les points de vente des produits africains, nous avons procédé au relevé des différents types de *Gnetum* vendus, de leurs noms vernaculaires et de leurs noms commerciaux. Ces enquêtes sur les points de vente ont été suivies d'entretiens semi-directifs réalisés avec un guide d'entretien auprès des importateurs et détaillants. Le tableau 34 montre le nombre de détaillants et d'importateurs interrogés à Paris, Bruxelles et Londres.

Tableau 34 : Les acteurs interviewés à Bruxelles, Londres et Paris

Les acteurs	Bruxelles	Londres	Paris
Importateurs	2	3	4
Détaillants	4	4	7

Source : enquête personnelle

3) Le marché du *Gnetum* en Europe

Comme le montre la figure 16, le *Gnetum* fait partie des aliments dits ethniques.

Ce sont des aliments porteurs d'identité ou présentant un fort marquage culturel. Ils sont consommés à l'origine par les communautés issues de l'immigration (ex. les Africains) et les minorités nationales (par exemple, les Guadeloupéens et les Martiniquais en France). On distingue les aliments ethniques authentiques (AEA) et les aliments ethniques authentiques « markétés » (AEAM). Les premiers sont des aliments dont l'utilisation et la préparation exigent une longue expérience depuis le pays d'origine. Ce sont les produits dont les goûts, les saveurs et les modes de préparation sont inconnues des Européens (ex. les chenilles et la *chikwangue*).

Les AEAM, sont des AEA qui, grâce à un travail de marketing, sont adaptés au modèle de consommation des Européens et à la distribution de masse (Grande Distribution et restauration hors foyer). C'est le cas, par exemple, des plats cuisinés surgelés d'origine asiatique faciles à consommer pour un Européen, largement en vente dans les supermarchés européens. Avec les produits de terroir qui véhiculent l'identité de certaines régions de chaque pays européen (ex. la choucroute alsacienne en France), les aliments ethniques forment le groupe des produits à forte identité (PAFI) décrit par Rastoin (1993). Ils sont opposés aux aliments du quotidien ou aliments standards désignés comme les objets consommables non identifiés (OCNI) par Fischler (1990).

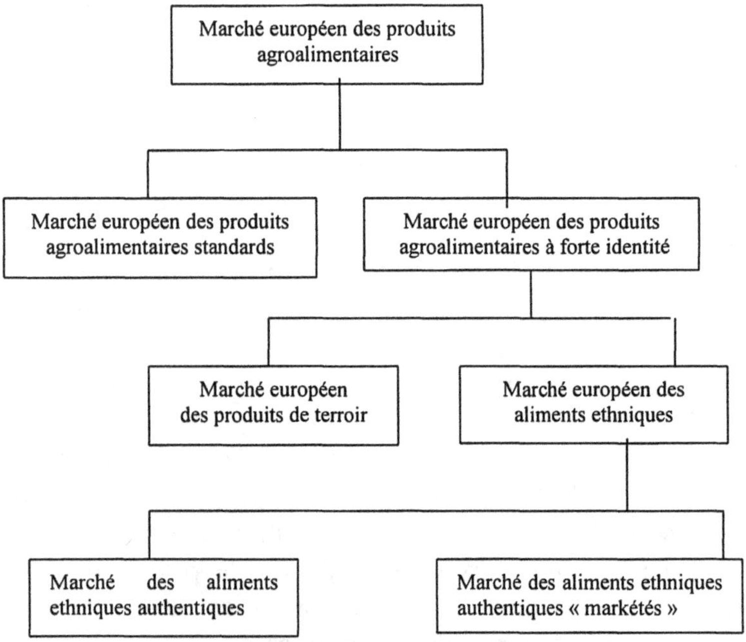

Fig.16 : L'organisation du marché européen des produits agroalimentaires

4) Etat de la demande : les consommateurs actuels

Selon les détaillants et importateurs rencontrés, le *Gnetum* vendu est destiné exclusivement aux ressortissants des pays producteurs. Il s'agit des Angolais, des Camerounais, des Centrafricains, des Congolais du Congo Brazzaville, des Congolais du Congo-Kinshasa, des Gabonais et des Nigérians. Comme le montre le tableau 35, toutes ces personnes forment un marché potentiel de *Gnetum* estimé à 204 775 personnes. Ce chiffre doit être vu à la hausse en raison de plusieurs personnes qui ont pris les nationalités des pays importateurs et celles qui sont enregistrées en tant qu'exilés ou réfugiés politiques.

La France avec 61000 consommateurs constitue le premier marché potentiel du *Gnetum* en Europe. Ensemble avec l'Allemagne (48 283 personnes), la Belgique (14 111 personnes) et le Royaume Uni (53 000 personnes) se révèlent comme les marchés les plus importants. Cependant, nous n'avons pas pu réaliser des enquêtes en Allemagne parce qu'il n'existe pas, selon la communauté africaine d'Allemagne, une ville abritant une forte concentration des points de vente distribuant les aliments africains au même titre qu'à Paris, Bruxelles et Londres. Toutefois, en raison de l'importance du nombre des consommateurs potentiels du *Gnetum* (15 919 Nigerians et 17 612 Congolais), nous projetons réaliser ultérieurement une étude dans les villes de ce pays.

Tableau 35 : Les consommateurs potentiels du *Gnetum* en Europe

	Allemagne	Belgique	Espagne	France	Pays-Bas	Portugal	Royaume Uni
AGL	7366	343	633	-	1680	16296	4000
CMR	6217	1558	366	18037	280	12	-
CA	148		30	4059	-		-
CB	676			12755	-		-
CK	17612	12 130	476	22740	2690	198	5000
GB	245			3013	-	-	-
GE	100		2684	-	-	-	-
NGR	15919		824	873	1675	60	44000
Total	48 283	14 111	5 013	61 477	6 325	16 566	53 000

Source : Eurostat, 1998 ; CMR : Camerounais ; CA : Centrafricains ; GB : Gabonais ; CB : Congo-Brazzaville ; CK : Congo-Kinshasa ; NGR : Nigérian ; AGL : Angolais

5) Analyse de l'offre

5.1 Noms vernaculaires et commerciaux utilisés

En ce qui concerne les noms commerciaux utilisés, il s'agit de ceux qui sont affichés sur les étals des points de

vente du *Gnetum*. En premier lieu, il s'agit de *fumbua* qui dérive du *lingala*, une langue véhiculaire parlée au Congo-Brazzaville et au Congo-Kinshasa.
Toutefois, il faut préciser que le nom de *fumbua* est utilisé exclusivement dans le *lingala* parlé au Congo-Kinshasa. Dans celui parlé au Congo-Brazzaville, le *Gnetum* est désigné par le nom de *koko* qui est également utilisé pour désigner le *même légume-feuille* dans la langue *sango*, une langue véhiculaire utilisée en République Centrafricaine. En deuxième lieu, il s'agit d'*okasi* qui dérive de la langue *yoruba*, parlée au Nigeria et au Bénin. Selon les importateurs et les détaillants rencontrés, ces deux noms, à l'origine vernaculaire, se sont imposés comme noms commerciaux en raison du rôle des Nigérians et des Congolais du Congo Kinshasa dans la consommation du *Gnetum*. Si le nom de *fumbua* est le seul à être utilisé dans trois pays importateurs (France, Belgique et Portugal), en revanche les deux noms commerciaux (*fumbua* et *okasi*) sont utilisés en Angleterre, notamment à Londres. Dans cette ville, le nom *okasi* est utilisé dans les points de vente tenus par les Nigérians, les Ghanéens et les Indo-Pakistanais. Le nom de *fumbua* est utilisé dans les points de vente tenus par les Congolais du Congo-Kinshasa.

5.2 Typologie des produits vendus

Il nous a été difficile à partir des échantillons relevés sur les étals des points de vente d'identifier chacune des deux espèces du *Gnetum* poussant dans les pays exportateurs : le *Gnetum africanum* et le *Gnetum buchholzianum*. En effet, les deux espèces ne peuvent être identifiées avec certitude que par l'examen des fleurs des individus mâles (Mialoundama, 1996). Or, comme en Afrique, seules les feuilles coupées en fines lanières sont vendues en Europe. Dans les pays visités, nous avons identifié trois types de *fumbua* : le *fumbua* ou *okasi* sec, le *fumbua* ou *okasi* frais et le *fumbua* ou *okasi* surgelé.

5.3 Origine des produits vendus

Les différents types de *Gnetum* vendus proviennent principalement de trois pays (tableau 36) : le Cameroun, le Congo-Kinshasa et le Nigeria. Ce dernier pays réexporterait des produits importés du Cameroun, car des quantités considérables de *Gnetum* sont exportées du Cameroun vers le Nigeria via le port de pêche d'Idenau de l'Ouest du Cameroun (Ndé Shiembo, 2001). Outre ces trois origines principales, il faut signaler des quantités non négligeables importées du Congo Brazzaville qui, à cause des événements socio-politiques de 1997 et 1999, ont progressivement baissé.

Tableau 36 : Origine des différents types de *fumbua* ou *okasi* vendus en Europe

Les produits	Cameroun	Congo Kinshasa	Nigeria
fumbua ou *okasi* frais	+	+++	néant
fumbua ou *okasi* sec	+++	+++	+++
fumbua ou *okasi* surgelé	+++	néant	néant
fumbua ou *okasi* à fines lanières	néant	+++	néant
fumbua ou *okasi* à lanières épaisses	+++	néant	++++

Source : Enquête personnelle, 2000

5.4 Estimation des quantités importées

En l'absence des statistiques sur les importations européennes du *Gnetum*, nous avons interrogé les importateurs afin de tenter d'obtenir une première approche des quantités de *Gnetum* importées.

Le tableau 37 montre les quantités importées par les trois principaux importateurs (Belgique, France, Royaume Uni). Ces résultats s'expliquent par l'importance du nombre des consommateurs potentiels basés dans ces trois pays. Le Royaume-Uni est actuellement le plus grand importateur du *Gnetum* alors que le premier marché potentiel est la France. Cela serait dû au fait que ce pays abrite la plus forte communauté des Nigérians, 44 000 personnes d'Europe qui, selon les détaillants, seraient les plus grands consommateurs de ce légume-feuille spontané en Europe. De plus, les importateurs nigérians réexporteraient vers les pays d'Europe du Nord (Pays-Bas, Suède, Danemark) et en Espagne. La vérification de ces résultats pourra se faire à travers une étude des quantités exportées à partir des pays producteurs : le Cameroun, le Congo-Kinshasa, le Congo-Brazzaville et le Nigeria.

Tableau 37: Estimation des quantités (tonnes) de *fumbua* ou *okasi* importé en Europe

Les produits	Belgique	France	Royaume-Uni
fumbua ou *okasi* frais	3	60	-
fumbua ou *okasi* sec	3	50	300
Total	6	110	300

Source : Enquête personnelle

6) La commercialisation

6.1 Les points de vente

A l'image de tous les aliments destinés à la diaspora afro-européenne, la vente du *Gnetum* est limitée aux points de vente relevant des commerces ethniques (Tabuna, 1999 ; Tabuna, 2001). Il s'agit de la distribution des aliments ethniques dans les réseaux spécialisés (épiceries, magasins, restaurants, etc.), tenus par des personnes appartenant ou pas à des groupes ethniques minoritaires, utilisant un personnel issu ou pas du même milieu, à une clientèle issue majoritairement des groupes ethniques minoritaires. Dans le cas du commerce du *Gnetum*, nous avons identifié quatre points de vente : les épiceries des zones d'activité tropicales (EZAT), les épiceries tropicales de proximité (ETP), les restaurants africains et les supérettes tenues par les Indo-Pakistanais. Outre ces quatre points de vente, il faut signaler la présence des vendeurs à la sauvette installés devant les EZAT au marché Château Rouge à Paris.

6.1.1 Les épiceries des zones d'activités tropicales (EZAT)

Considérées comme les points de vente les plus importants des produits africains en Europe (Tabuna, 2000), les EZAT sont implantées au sein des zones d'activité tropicales (ZAT). Ce sont des espaces qui se sont créés spontanément dans plusieurs grandes villes européennes multiculturelles, comme Londres, Bruxelles, Paris, Rome, Lisbonne et Amsterdam. Ce sont des zones d'échange et de rencontre où se concentrent des activités liées au commerce ethnique. Celles-ci concernent surtout des ressortissants des zones tropicales, notamment les Asiatiques, les Africains et les Afro-caraïbéens. Ainsi, il y a une spécialisation des ZAT selon l'origine des communautés immigrées. On distingue des ZAT spécialisées dans la distribution des produits destinés aux Asiatiques (ex . la ZAT de la Porte de Choisy dans le 13ème arrondissement de Paris) et celles spécialisées dans la distribution des produits destinés aux Africains et aux Afro-caraïbéens (ex. le « marché » de Matongué ou de la Porte de Namur à Bruxelles, Brixton Market à Londres et le « marché » de Château Rouge dans le 18ème arrondissement à Paris). Dans toutes les villes visitées, les EZAT spécialisées dans la distribution des produits africains sont tenues aussi bien par des Africains que par des Européens et d'autres personnes issues des communautés immigrées. C'est le cas des Asiatiques (Chinois, Vietnamiens, Laotiens) et des Indo-Pakistanais. Dans les EZAT, sont vendus tous les types de *fumbua* ou *okasi* décrits.Les produits secs sont vendus dans des sachets en plastique de 100 g noués à la main ou thermosoudés. Les sachets thermosoudés portent des informations commerciales (ex.le poids, origine du produit, le nom commercial, etc.) et sont exclusivement sur les étals des points de vente de Londres et de Madrid. Les produits surgelés sont vendus dans des sachets thermosoudés ne portant que le nom du produit. Enfin, les produits frais sont vendus en vrac à la pesée.

6.1.2 Les épiceries tropicales de proximité (ETP)

Les ETP sont implantées en dehors des ZAT. On les trouve principalement dans les quartiers à forte concentration des populations issues de l'immigration. C'est le cas de plusieurs banlieues du Nord de Paris (ex. La ville de Saint-Denis et la Ville de Sarcelles). Elles sont tenues aussi bien par les Africains que les non Africains. Contrairement aux EZAT, on y trouve que du *fumbua* ou *okasi* sec. Cela tient au fait que le *fumbua* ou *okasi* sec se conserve bien et plus longtemps à température ambiante, ce qui constitue un grand avantage pour les ETP qui sont moins fréquentés par rapport aux EZAT. C'est également pour cette raison que le *fumbua* sec est vendu dans toutes les villes de province en France. Il s'agit par exemple de Bordeaux, Dijon, Lille, Lyon, Marseille, Montpellier, Nantes, Orléans, Rouen, etc.

6.1.3 Les restaurants africains

Il s'agit principalement des restaurants tenus par les Congolais de Brazzaville, les Congolais du Congo Kinshasa et les Nigerians. Ces restaurants servent des plats à base du *fumbua* ou *okasi*. Dans les restaurants tenus par les

Congolais des deux Congo, un plat est servi régulièrement : les trois pièces. Il s'agit d'une sauce composée du *fumbua* ou *okasi* (« première pièce »), du poisson fumé ou du poisson salé (deuxième pièce) et de la pâte d'arachide ou *muamba nguba* (troisième pièce). Assaisonnée aux oignons et à la tomate, cette sauce est accompagnée par quatre garnitures : le *kwanga*, le *foufou*, le plantain mûr et le riz.

6.1.4 Les supérettes indo-pakistanaises

Ce sont des supermarchés de taille réduite tenus par les Indo-Pakistanais de Londres et dans tout le Royaume-Uni. Ces supérettes sont spécialisées dans la distribution des produits importés des régions tropicales, notamment de l'Inde et du Pakisan. Implantées dans les ZAT de Londres, comme Peckam Market et Brixton Market, elles vendent plusieurs produits destinés aux Africains et aux Afro-caraïbéens. Parmi les produits destinés aux Africains, il y a le *fumbua* ou *okasi* séché importé en vrac du Nigeria et conditionné dans des sachets thermosoudés à Londres par des entreprises tenues par les Nigerians.

6.2 Les acteurs et les circuits de distribution

6.2.1 Les acteurs

Trois acteurs sont impliqués principalement dans le commerce du *Gnetum* en Europe. Il y a les importateurs, les détaillants et les restaurateurs.

Les importateurs

Cumulant la fonction de grossistes, les importateurs sont en général des Africains installés principalement dans les capitales (Paris, Bruxelles et Londres), mais on y trouve également des Européens, notamment dans les villes où il y a un déficit d'importateurs africains importants. C'est le cas de Bruxelles où les deux plus grands importateurs du

Gnetum sont des entreprises belges dont l'une (Exotic Product) est impliqué dans ce commerce depuis 1977.

Les détaillants

Ce sont les tenanciers des EZAT et des ETP d'origine africaine, asiatique, indo-pakistanaise et européenne ; les détaillants sont spécialisés dans la vente des produits alimentaires et non alimentaires destinés à la diaspora afro-européenne et des afro-caraïbéens. Si les Africains vendent régulièrement du *Gnetum* importé de leur pays d'origine, les détaillants non Africains vendent en revanche des produits importés de tout pays producteur. Au « marché » de Château Rouge à Paris, nous avons identifié 2 détaillants maghrébins, 18 détaillants asiatiques et 10 détaillants africains. Il s'agit exclusivement des ressortissants de l'Afrique centrale (les Camerounais, les Congolais du Congo-Kinshasa et les Congolais du Congo Brazzaville). Les autres détaillants africains, principalement les Ivoiriens, vendent rarement le *Gnetum*. S'il arrive qu'ils le vendent, seuls les produits secs sont présentés sur les étals. Ceux-ci joueraient le rôle de produit d'appel vis à vis des ressortissants du Congo-Kinshasa qui, selon les détaillants et les importateurs installés à Château Rouge, seraient les plus grands acheteurs des produits africains à Paris.

Les restaurateurs

Il s'agit des tenanciers des établissements proposant de la restauration hors foyer. Ils sont tenus principalement par les Congolais du Congo-Kinshasa et les Nigérians à Londres, les Congolais du Congo Kinshasa à Bruxelles, Paris et Lisbonne. Les Congolais du Congo-Kinshasa tiennent deux types d'établissements de restauration hors foyer. Il y a les *nganda* et les restaurants. Sorte de gargotes, connus en Afrique de l'Ouest par le nom de « maquis » et au Cameroun par le nom de « *chantier* », les *nganda* sont ouverts principalement aux initiés, notamment les Congolais du Congo Kinshasa, ils servent les divers plats à base de *fumbua* ou *okasi* dans un cadre très proche des établissements existant dans les villes africaines (Brazzaville, Douala, Kinshasa et Yaoundé). Ce cadre résulte régulièrement de l'utilisation d'un salon, d'un appartement.

Les restaurants sont implantés au sein ou à proximité des ZAT et dans les quartiers à forte concentration des immigrés. Cela tient au fait que la majorité des restaurants tenus par les Congolais du Congo Kinshasa ciblent d'abord des Africains en général et les Congolais en particulier. Toutefois, il faut signaler la fréquentation des quelques Européens qui ont vécu au Congo-Kinshasa. C'est ainsi qu'on trouve des restaurants servant des plats à base de *fumbua* ou okasi au « marché » de Matongué ou Porte de Namur à Bruxelles.

6.2.2. Les circuits de distribution

A l'image de la distribution de la majorité des aliments africains en Europe, la distribution du *Gnetum* se fait principalement selon trois circuits : le circuit ultra court, le circuit court et le circuit long. Le circuit ultra court est constitué des importateurs qui cumulent l'importation et la vente au détail.
Ce sont aussi bien des Africains que des Européens. Ils livrent directement le *fumbua* ou *okasi* importé, frais ou sec, aux clients à travers leurs épiceries. C'est le cas de l'épicerie « Tout Kin » implanté à Château Rouge et tenue par les Congolais du Congo Kinshasa et l'épicerie Exotic product implantée au « marché » Matongué à Bruxelles et tenue par des Belges. Le circuit court est constitué des importateurs, des détaillants ou des restaurateurs et des consommateurs.
Les produits importés sont fournis aux EZAT, aux ETP et à certains restaurants qui, à leur tour, les mettent à la disposition des clients ou des consommateurs.

Les circuits longs impliquent la présence d'au moins trois acteurs : les importateurs, les détaillants, les restaurants et les consommateurs. En effet dans ce circuit-ci, contrairement au circuit court, certains restaurateurs, en raison de leur taille et de la demande des plats à base de *fumbua*, vont s'approvisionner auprès des EZAT.

6.3. Les prix des produits vendus : Cas des épiceries de Château Rouge, Paris

Les prix publiés sont la moyenne des prix relevés sur les étals des épiceries. Le choix de Paris tient au fait que c'est la seule ville où nous avons fait de relevé de prix durant toute l'année 2000. En revanche, les relevés des prix dans les autres villes visitées (Bruxelles, Lisbonne, Londres et Madrid) n'ont été réalisés qu'une seule fois en mars 2000. Comme le montre le Tableau 38, les prix du *fumbua* ou *okasi* frais et du *fumbua* ou *okasi* secs sont constants toute l'année dans les EZAT de Château Rouge à Paris. De même, on remarque que les produits frais coûtent plus chers que les produits secs. Selon les importateurs et les détaillants, cela tient au fait que le prix du fret des produits frais est plus cher.

Tableau 38 : Variation du prix /kg (FF) de détail de *fumbua* ou *okasi* à Château Rouge, Paris

Les Produits	Janvier	Mars	Juin	Septembre	Décembre	Prix moyen
fumbua ou *okasi* sec	80	80	80	80	80	80
fumbua ou *okasi* frais	100	100	100	100	100	100

Source :E enquête personnelle, 2000

7) Les perspectives du marché : l'ouverture du *Gnetum* aux Européens

Ainsi que nous l'avons vu, le marché du *Gnetum* est une composante du marché européen des aliments ethniques authentiques. Sa distribution est limitée aux circuits spécialisés (EZAT, ETP et restaurants africains) et ne vise que les Africains issus des pays producteurs. Les enquêtes que nous avons réalisées ont montré une absence des différents types de *Gnetum* dans la Grande Distribution où se font 90% des achats des produits agro-alimentaires en général et des aliments ethniques recherchés par des Européens. Ces derniers, à la recherche de plus en plus de nouvelles saveurs (CDI, 1999 ; Platt, 2001), sont séduits par les produits asiatiques (chinois, thaïlandais et vietnamiens), indo-pakistanais, texans-mexicains dits tex-mex et indonésiens. Selon une étude réalisée par le cabinet Présence Marketing, en France plus de 75 % de personnes ont acheté au moins une fois dans l'année un plat ethnique alors qu'ils étaient 40 % en 1999 (Platt, 2001). De son côté le Centre de recherche sur la consommation et les conditions de vie (CREDOC) affirme que 37 % des Français ont consommé plusieurs fois un aliment ethnique en 2000 contre 35 % en 1988 (Loisel, 2001). L'émergence de ce marché tient à plusieurs raisons. Citons entre autres le développement des voyages à l'étranger, le développement des restaurants étrangers dans les grandes capitales européennes (Bruxelles, Londres, Paris et Lyon), l'internationalisation des échanges et la montée de la multiculturalité de plusieurs pays européens. C'est le cas de la France avec la présence des Antillais (Martiniquais et Guadeloupéens) et les Français issus de l'immigration (Maghrébins, Asiatiques, Africains subsahariens), des Pays-Bas avec la présence des ressortissants des anciennes colonies (Indonésiens et Surinaméens) et le Portugal avec la présence des Brésiliens et des communautés issues des anciennes colonies d'Afrique (Angola, Cap Vert, Guinée Bissau,...).

En croissance constante estimée à 20 %, le marché européen des aliments ethniques, selon les professionnels, serait estimé entre 10 et 15 milliards de F.F. Le Royaume-Uni est considéré comme le premier marché européen de ces denrées avec un chiffre d'affaires estimé à plus de 6 milliards de Francs Français. En France, sept millions de repas ethniques sont servis chaque jour. En raison de cette dynamique du marché, la vente des aliments ethniques s'est développée dans les Supermarchés et dans la restauration hors foyer. Ainsi plusieurs enseignes de la Grande Distribution européenne ont développé des gammes importantes d'aliments ethniques vendus sous leurs marques. Citons l'exemple de Casino et de Monoprix, deux grandes enseignes françaises, qui ont développé des gammes intitulées respectivement « Invitation au voyage » et « Monoprix exotique ». Les segments de produits les plus importants sont les plats cuisinés (surgelés, frais, conserves), les sauces et les snacks ou les produits à grignoter. Dans chaque gamme de ces entreprises, il manque malheureusement les produits africains alors que la communauté africaine est de plus en plus nombreuse en Europe. Face à cette absence et du succès des autres composantes de la culture africaine (ex. art, mode, instruments de musique), les professionnels de la Grande Distribution et de la restauration hors foyer sont à la recherche des aliments porteurs de l'identité alimentaire de l'Afrique subsaharienne. Cette attente est soutenue par les études réalisées par plusieurs cabinets de marketing dont XTC, un cabinet français de veille marketing et partenaire de l'innovation du salon international de l'Agroalimentaire (SIAL). De plus, ce besoin de la Grande Distribution a été constaté par l'accueil réservé aux produits camerounais (le *ndolè,* le *follong* sauté, les *missolè* ou frites de banane plantain et le *ngondo* ou terrine à base des graines de courge) au salon européen des produits ethniques, édition 2001 (Dirat, 2001).

Selon le Cabinet XTC, l'Afrique noire en tant que territoire gastronomique inexploré et inconnu devrait attirer plusieurs consommateurs européens pour trois raisons. Premièrement, l'Afrique subsaharienne est perçue comme vierge et naturel. Deuxièmement, il y a la pluri-ethnicité de chaque pays africain et l'alimentation de chaque ethnie ou groupe ethnique. Troisièmement, le consommateur européen recherche la différence et la variation par la spécialisation de l'exotisme et la découverte de territoires gastronomiques inconnus, car ce qui est habituel n'apporte plus de plaisir. Dans le cas du *Gnetum*, au même titre que plusieurs aliments africains, produit riche en protéines et demeurant encore à l'état sauvage ou cultivé dans les agroforêts en milieu rural, il devrait intéresser les consommateurs européens qui, suite aux scandales alimentaires, réservent un accueil favorable aux produits naturels et biologiques.

Cependant, il y a des contraintes importantes à franchir. Les exportateurs africains devraient mettre au point des produits répondant aux attentes des consommateurs européens. Ces derniers recherchent par exemple des aliments authentiques, mais faciles à utiliser et à consommer. Il s'agira par exemple de plats cuisinés à base de *Gnetum* adaptés aux goûts des Européens (ex. plat avec moins de matière grasse). De même, ces plats devraient répondre au principe de la traçabilité et aux normes HACCP pour franchir les barrières non tarifaires européennes qui, en raison de la mondialisation et des règles de l'OMC, deviennent la condition sine qua non d'accès sur les marchés. L'atteinte de ces résultats requiert une organisation de la production en Afrique afin de ne pas accroître la raréfaction du *Gnetum*, comme cela est constaté au Nigeria et dans les régions proches des grandes villes en Afrique Centrale (Profizi et al, 1993). Mais cela ne devrait pas poser de problèmes au vu des résultats de la domestication du *Gnetum* obtenus au

Cameroun (Nde shiembo, 1999 ; Nkefor et al, 1999 ; Nkefor, 2000).

8) Conclusion

Au terme de ce travail, il ressort que le marché européen du *Gnetum* existe en Europe depuis les années 70 et qu'il est en croissance constante depuis les années 80. Vendu sous le nom commercial de *fumbua* ou *okasi*, le *Gnetum* est importé principalement par la Belgique, la France, le Royaume-Uni et la Suisse. Mais sa vente s'étend à d'autres pays comme l'Allemagne, les Pays-Bas et l'Italie. Dans ces pays, le *fumbua* ou *okasi* est destiné exclusivement aux Nigérians et aux ressortissants des pays du bassin du Congo (Angola, Cameroun, Centrafrique, Congo Brazzaville, Congo-Kinshasa et Gabon) basés dans plusieurs pays européens. Une gamme de quatre produits leur est proposée par les acteurs impliqués dans la distribution de cet aliment. Il s'agit en premier lieu de trois produits (des produits secs, des produits frais et des produits surgelés) dont la vente se limite aux points de vente spécialisés, les épiceries des zones d'activité tropicale (EZAT) et les épiceries tropicales de proximité (ETP). En second lieu, il y a les plats cuisinés servis principalement dans les restaurants nigérians et congolais de Londres, de Paris et de Bruxelles. En raison de ces différentes caractéristiques du marché de cette ressource spontanée, le marché du *Gnetum* est une composante du marché européen des aliments dits ethniques authentiques, c'est-à-dire des aliments porteurs d'identité ou présentant un fort marquage culturel. C'est un marché qui devrait continuer à se développer grâce aux possibilités de son ouverture aux Européens qui recherchent de plus en plus des produits biologiques, suite aux scandales alimentaires, et des produits présentant des nouvelles saveurs, suite à plusieurs facteurs (volonté de diversifier son alimentation, l'envie de découvrir d'autres cultures, le développement des voyages à l'étranger, le développement des restaurants étrangers). Cependant, l'accès à la distribution de masse (Grande Distribution et restauration hors foyer, etc.) doit être accompagné de la mise au point des produits adaptés aux attentes des consommateurs (ex . plats cuisinés faciles à utiliser et à consommer) et répondant aux exigences de la traçabilité et aux normes HACCP. De même, en raison de l'appartenance du *Gnetum* à la flore spontanée, les pays exportateurs devraient mettre en place des stratégies pour concilier la demande de masse et la protection de l'espèce. Les résultats obtenus au Cameroun sur la domestication seront d'un apport considérable aussi bien pour le marché local et transfrontalier que pour l'exportation sur le marché européen des aliments ethniques de masse.

Références bibliographiques

Barrau J., 1971. L'ethnobotanique au carrefour des sciences naturelles et des sciences humaines. *Bulletin de la société botanique* de France, N° 118, pp. 237-248.

CDI, 1999. Les produits ethniques : un créneau à développer. *Partenariat, Bulletin d'information du Centre pour le Développement Industriel* (CDI), n° 42, p. 1-4.

Clarck L. et Tchamou N., 1998. La recherche sur les produits forestiers non ligneux en Afrique centrale. La situation du secteur. Compte rendu préparé pour le programme régional de l'Afrique centrale pour l'environnement (CARPE). Washington, USDA. 75p.

Dirat P.A., 2001. Restauration. A Table ! Jeune Afrique Economie N° 332, du 2 au 15 juillet, p. 46.

Fischler C., 1990. L'homnivore, Paris : Odile Jacob.
440 p.

Loisel J.P., 2001. Les Français s'ouvrent à d'autres horizons. Point de Vente, N° 855, p.26-27.

Mialoundama F., 1985. Etude de la croissance rythmique chez le *Gnetum africanum Welw*. Thèse de Doctorat d'Etat ès Sciences naturelles de l'Université d'Orléans. 156p.

Mialoundama F., 1996. Intérêt nutritionnel et socio-économique du genre *Gnetum* en Afrique centrale. In : Hladik C.M Hladik A., Linares O.F., Pagezy H., Semple A. & Hadley M. (eds), *L'alimentation en forêt tropicale. Interactions bioculturelles et perspectives de développement*, Paris : Unesco, p. 295-300.

Nde Shiembo P., 1999. Pour une gestion durable des okok (*Gnetum africanum* et *Gnetum bucholzianum*) : des produits forestiers non ligneux surexploités dans les forêts d'Afrique centrale. In. In TC.H. Sunderland, L. E..ClarK et P. Vantomme, Recherches actuelles et perspectives pour la conservation et le développement, FAO, Rome (Italie), p. 65-70.

Ndoye O. et Ruiz-Perez M., 1999. Commerce transfrontalier et intégration régionale en Afrique centrale : cas des produits forestiers non ligneux. *Bulletin Arbres, Forêts et Communautés Rurales*, FTTP n° 17, p. 4-12.

Nkefor J., Nouhou Ndam, P. C. Blackmore et T.C.H. Sunderland, 1999. Le programme de conservation par la culture, mis en œuvre au jardin botanique de Limbe : réussites et avantages. In TC.H. Sunderland, L. E. ClarK et P. Vantomme, Recherches actuelles et perspectives pour la conservation et le développement, FAO, Rome (Italie), p. 83-90.

Nkefor J.P., 2000. Transfert du modèle de domestication de l'Eru (*Gnetum africanum Welw. & Gnetum buchholzianum Engl.*) au profit des agriculteurs des villages situés sur et autour du Mont Cameroun. In : Laurie C., Produits forestiers non ligneux en Afrique centrale. Atelier sur les résultats de la recherche pour le programme régional de l'Afrique Centrale pour l'environnement, 18-20 juillet 2000, Limbe (Cameroun), pp. 40-44.

Platt V., 2001. Consommation : l'exotisme au goût du jour. Points de vente, N° 855, p. 25-26

Profizi J.P. et al, 1993. Ressources végétales non ligneuses des forêts du Congo. Rapport du programme d'action forestier du Congo. Brazzaville (Congo). 66 p.

Rastoin J.L., 1993. Economie agro-industrielle : le système alimentaire. ENSA-M, chaire d'Economie et de gestion d'Entreprise. Montpellier (France). 198 p.

Tabuna H., 1999. Le marché des produits forestiers non ligneux de l'Afrique centrale en France et en Belgique. Produits, acteurs, circuits de distribution et débouchés actuels. CIFOR, Bogor (Indonésie), occasional paper N°19. 35p.

Tabuna H., 2000. Les produits forestiers non ligneux alimentaires de l'Afrique centrale sur les marchés français et belge. Situation actuelle et perspectives. Thèse de Doctorat du Muséum National d'Histoire Naturelle de Paris. 226 p.

Tabuna H., 2001 . Evaluation des échanges des produits forestiers non ligneux entre l'Afrique subsaharienne et certains pays européens. FAO, Rome (Italie).

Walujo E., 1985. Quelques aspects ethnobotaniques des plantes alimentaires vendues chez les commerçants asiatiques à Paris. Mémoire de DEA de Biologie végétale tropicale. Université Pierre et Marie Curie, Paris 6. 84p.

Woldesselassié O., 1989. Etude ethnobotanique des plantes africaines vendues dans les boutiques exotiques de Paris. DEA de Biologie végétale tropicale. Université Pierre et Marie Curie, Paris 6. 70p.

CHAPITRE 10 : APPROCHE ANTHROPO-PSYCHOLOGIQUE DES USAGES THERAPEUTIQUES ET "MEDICO-MAGIQUES" DU GENRE *GNETUM*

Alexandre Aloumba

Introduction

Le genre *Gnetum* est un produit issu de la végétation spontanée qui, en Afrique Centrale, occupe une place très importante dans l'alimentation de nombreuses populations voire de toutes les couches sociales. Très largement connu au Congo-Brazzaville sous les appellations de "*koko*" en lingala et en kôyô, "Tchi-fumbu" en vili, "*mfumbu*" en ki-tuba et en lari, "mfuü" en kukuya, "nkuümu" ou "sagâ" en tégé et en mbéti, "kumu" en mbochi, il se présente sous deux espèces : *Gnetum africanum* (avec de petites feuilles) et *Gnetum buchholzianum* (avec de grandes feuilles).

De nombreuses études y sont consacrées. Celles réalisées sur le plan phytochimique (Ouabonzi et al, 1983) et biochimique (Mialoundama, 1993,) ont déjà révélé de façon incontestable ses valeurs nutritives. D'autres encore, effectuées par Mialoundama (1996) et Aloumba (2001) ont montré l'intérêt de la commercialisation très forte dudit produit à l'échelle internationale tout en signalant la nécessité de pratiquer, à titre préventif, sa culture à partir des boutures et des graines afin d'éviter la disparition des deux espèces dans les forêts naturelles. Cependant on ne connaît presque rien de ses vertus médicinales. D'où l'intérêt de la présente étude qui s'inscrit à la fois dans le cadre de l'anthropologie clinique et dans la perspective de la pharmacopée et de la médecine traditionnelle.

L'importance de cette étude se justifie d'autant plus que la pharmacopée et la médecine traditionnelles deviennent une alternative non négligeable pour les populations africaines en général, et celles du Congo en particulier, en matière de couverture sanitaire. Cela est d'autant plus évident qu'en dépit de l'ouverture au modernisme, la conjoncture socio-économique de plus en plus difficile aujourd'hui, favorise la résurgence des couches sociales indigentes et défavori- sées à bien des égards d'une part, et rend inaccessibles les spécificités pharmaceutiques pour une bonne frange de la population d'autre part. De plus, en raison par exemple de l'inefficaci- cité de certains soins relevant de la médecine moderne, administrés dans les hôpitaux et / ou centres de santé secondaires du fait parfois de l'émergence de souches microbiennes résistantes, responsables de certaines patho- logies, ou encore de l'effet d'habitude ou de l'intolérance organique à des produits pharmaceutiques administrés, les populations africaines en général et du Congo en particulier recourent de plus en plus à des recettes de la pharmacopée et de la médecine traditionnelle.

Cette étude vise essentiellement à :

- montrer l'importance du genre *Gnetum* à travers ses deux espèces au plan thérapeutique en dégageant ses vertus médicinales ;
- susciter d'autres études plus systématiques au laboratoire, à travers le tableau des maladies traitées et guéries traditionnellement avec des remèdes à base dudit produit, en vue de la validation de ces vertus.

I) Matériel et méthodes

1) Matériel

Le matériel est essentiellement végétal, constitué de feuilles et des lianes ou tiges de G*netum*, quoique associé, selon les cas, à d'autres ingrédients.

2) Méthode
Une enquête a été menée dans les sept arrondissements de Brazzaville auprès de cinquante guérisseurs, tradithérapeutes, praticiens ou herboristes grâce à un questionnaire préparé à cet effet. Ce dernier a consisté essentiellement à demander à ceux-ci : -quelles maladies peut-on traiter ou guérir avec des remèdes à base du *Gnetum ?* Comment prépare-t-on ces remèdes ? – Comment les administre-t-on et enfin dans quelles régions du pays recourt–on à ces remèdes ?

II) Résultats
L'enquête a permis d'une part, de recenser quarante-deux maladies que l'on traite avec des remèdes à base de *Gnetum* – remèdes préparés et administrés de façon variable selon les cas et d'autre part, de mettre en évidence ses vertus préventives. Pour chaque maladie, il est indiqué le type de feuilles utilisées, le mode de préparation du remède, le mode d'administration et les régions où ledit remède est utilisé.

1) La splénomégalie ou la "maladie de la rate"
Dans la région du Pool, les jeunes feuilles de *Gnetum africanum* sont coupées en fines lamelles et mélangées simplement dans la nourriture quand le patient est âgé de quatre mois à cinq ans. Cependant dans les régions de la Cuvette-ouest, de la Cuvette centrale, de la Lékoumou et de la Sangha, quel que soit l'âge du patient, le remède appelé "olaami" est préparé à base des feuilles de *Gnetum africanum*, coupées en de fines lamelles, mais associées au poisson appelé "mbessé" selon un certain rite, par des hommes et des femmes ayant un don naturel ou surnaturel de guérison. Le traitement est administré sous forme de repas pris avec ou sans manioc, soit sur une feuille de bananier adoucie par les flammes de feu ou sur une feuille de "ntéré" (une espèce de la famille des Marantacées), soit

dans le canari ayant servi à la préparation du remède. La durée du traitement varie selon les cas.

2) Les colites chez les nourrissons ou "bassinga" en lingala, "imbongo" en mbochi

Le traitement consiste à frotter simplement et légèrement quelques feuilles de *Gnetum* écrasées ou pilées sur le ventre du jeune patient. L'application du produit est réitérée autant que possible jusqu'à la disparition des symptômes. En général, celle-ci succède à l'émiction de selles pâteuses et glaireuses. Cette pratique est présente dans toutes les régions du Congo.

3) Les blessures récentes

Le traitement consiste à appliquer la pâte obtenue des feuilles du *Gnetum* écrasées ou pilées sur la blessure, et à faire un pansement. Le produit est administré tous les trois jours jusqu'à la cicatrisation totale de la blessure. Les coupeuses de *Gnetum* dans les marchés de Brazzaville recourent fréquemment à cette pratique en cas de blessure. Cette pratique est courante dans toutes les régions du Congo.

4) Les morsures de serpent

Comme dans l'usage de la "pierre noire", on applique la pâte obtenue à partir des feuilles de *Gnetum* écrasées ou pilées, voire mâchées (en cas d'extrême urgence) sur la morsure en même temps que l'on maintient le garrot. Cette pratique est fréquente dans toutes les régions du Congo et surtout en campagne, lorsque la victime qui se trouve en forêt, doit regagner le village pour jouir d'un complément de soins ; ou encore lorsqu'elle doit partir d'un village isolé vers un autre où se trouve un dispensaire ou un centre médical secondaire pour recevoir un sérum antivenimeux.

5) L'énurésie ou la "maladie des urines"
Elle concerne les enfants de cinq à douze ans et même plus. On attache un cordon à base d'une liane fraîche du *Gnetum* autour des hanches du patient. En principe, l'intéressé ne doit pas l'arracher, mais le cordon doit se rompre tout seul. Au fur et à mesure que cette liane se dessèche, le mal doit disparaître progressivement. Ceci peut durer trois à sept semaines. Si le mal persiste, après rupture du cordon on reprend l'opération avec une nouvelle liane. Cette pratique est fréquente dans toutes les régions du Congo.

6) Les kéloïdes connues sous le nom de "lendiri" en tégué et en mbéti, "tchiwua" en lari et en kituba, "Tchi-lifu" en vili
Dans ce cas, on frotte simplement et légèrement la pâte obtenue à partir des feuilles de *Gnetum* écrasées ou pilées sur la zone ou la surface concernée. Le traitement est réitéré jusqu'à la disparition de la marque grossière.Toutes les régions du Congo se livrent à cette pratique en cas de besoin.

7) La constipation
Les feuilles de *Gnetum* constituent en elles-mêmes un bon régulateur du métabolisme. Dans ce cas précis, on peut soit les manger crues comme dans le Pool, soit les préparer au sel gemme comme dans les deux Cuvettes et la Lékoumou, soit encore sous forme de bouillon mais associées au gombo, ou "dongo-dongo". En général les feuilles de *Gnetum africanum* sont préférables à celles du *Gnetum buchholzianum*. C'est ainsi que dans les régions de la Lékoumou, de la Cuvette-ouest et la Cuvette centrale où, au niveau de l'espèce *Gnetum africanum*, une nuance est établie entre deux types, - l'un ("kendzé") à feuilles très vertes, bien foncées, doux et très gluant à la consommation - et l'autre ("kouesse ou kouere" en mbéti et tegué) moins gluant, à feuilles moins vertes, tendant à

roussir sous l'effet de la chaleur au cours de la préparation, la préférence est du côté de "kendzé".

8) La stérilité chez la femme

Dans ce cas précis, une préparation spéciale appelée "olaâmi" en mbéti, tégué et mbochi, faite selon un certain rite par des initiés, est présentée à la patiente sous forme de remède. Ce dernier est composé de feuilles de *Gnetum buchholzianum* coupées en de fines lamelles et du poisson soit "djombo", soit "mbolo" petites carpes d'eau douce du fait de la reconnaissance (populaire) de leur fécondité très remarquable.

En dépit des différences minimes que l'on peut constater entre les régions concernant le mode de préparation et d'administration du remède d'une part, la durée du traitement et les habitudes du thérapeute d'autre part, le remède est administré en général, dans toutes les régions, sous forme de repas que la patiente prend seule ou avec son époux, avec ou sans manioc, dans le canari ayant servi à le préparer.

Celui-ci est badigeonné de marques rouges et blanches, signes d'invocation et / ou de convocation des esprits des ancêtres du thérapeute et des esprits bienfaisants, favorables à la fécondité afin de donner au remède la "puissance" souhaitée.

9) Le hoquet

Dans toutes les régions, les feuilles de *Gnetum* sont associées à deux autres types de feuilles que les informateurs se sont refusés de révéler.

On les pile ensemble et le mélange ainsi obtenu, passe sous pressoir. La quantité d'un demi-litre est largement suffisante pour toute la cure.

Aux sujets adultes, on administre un demi-verre dudit produit toutes les trente minutes jusqu'à l'arrêt du hoquet. Cependant aux enfants, selon leur âge, on administre, soit une cuillerée à soupe, soit deux cuillerées toutes les trente minutes.

10) Le diabète

Aucune précision n'a été donnée, s'il s'agit d'un diabète gras ou d'un diabète maigre. Les feuilles de *Gnetum* sont d'abord séchées puis pilées et la poudre ainsi obtenue passe au tamis avant d'être introduite dans la nourriture journalière du patient par quantité équivalente à une cuillerée à café. Le traitement n'est arrêté que lorsque le malade est guéri. Ce remède est beaucoup utilisé dans la région du Pool et celle du Niari.

11) Le ptyriasis vesicolor ou "dartre"

Les feuilles de *Gnetum* sont séchées puis pilées. La poudre obtenue est mélangée au jus de pamplemousse et aux aubergines pilées ou écrasées. Le mélange qui en résulte est appliqué légèrement sur les parties lésées deux fois par jour, notamment le matin et le soir. Ce traitement est utilisé dans toutes les régions.

12) La gale

Le mode de préparation et d'administration est le même que dans le cas du ptyriasis vesicolor. Ce traitement est appliqué dans toutes les régions.

13) Soins de la peau et du visage ; pour avoir un bon teint

Pour lutter contre les boutons, s'assurer un bon teint et protéger la peau contre les masques dus aux rayons solaires, le mode de préparation et d'administration du remède est le même que dans le cas du ptyriasis vesicolor. Ce traitement est administré dans toutes les régions du Congo.

14) Les gastrites

Les feuilles de *Gnetum* sont d'abord nettoyées à l'eau, puis mangées crues. On avale uniquement le jus tandis que le déchet est rejeté. Ce traitement est très efficace lorsque le patient est en pleine crise. Il est proposé dans les régions du Pool, de la Cuvette-ouest et de la Cuvette centrale.

15) Les hémorroïdes

Les feuilles de *Gnetum* sont associées à d'autres plantes que les informateurs n'ont pas voulu révéler. Le tout est pilé en vue d'obtenir un jus. Le remède est servi au malade trois fois par jour dans une cuillère à café ou dans un quart de verre, une fois par jour selon l'âge du patient. Ce traitement est très pratiqué dans les régions de la Bouenza et de la Lékoumou.

16) L'hémiplégie

Le jus obtenu à partir des feuilles de *Gnetum* lavées et pilées est administré au patient dans une cuillère à soupe, une fois par jour. La durée du traitement est très variable selon les cas. Il est pratiqué dans la région du Pool.

17) L'aphasie ou trouble de langage

Le remède est préparé et administré de la même manière que dans le cas de l'hémiplégie. Dans la région du Pool, cette expérience thérapeutique est très courante.

18) L'hypotension artérielle

Les feuilles de *Gnetum* sont d'abord nettoyées à l'eau puis mangées crues avec un peu de poisson salé, une fois par jour, pendant trois jours. Cette expérience thérapeutique est pratiquée dans la région du Pool.

19) L'impuissance sexuelle

Les feuilles de *Gnetum* sont associées à celles de certaines plantes aquatiques que les informateurs n'ont pas voulu révéler. Elles sont pilées ensemble et l'on y recueille un jus. Ce dernier est servi dans une cuillère à café, deux fois par jour. Ce traitement est appliqué dans les régions du Pool et de la Sangha.

20) L'anémie
On fait bouillir de l'eau, on y ajoute du sel puis des feuilles de *Gnetum* non coupées. Un demi-verre de décoction recueillie est administrée au patient, deux fois par jour pendant trois jours. C'est dans la région du Pool que ce traitement est appliqué.

21) Les céphalées ou "maux de tête très intenses"
On applique la poudre obtenue à partir des feuilles de *Gnetum* séchées, pilées puis tamisées, sur les scarifications faites au niveau des tempes et du front du malade. Ce traitement est administré dans les mêmes conditions au patient quel que soit son âge, pendant une semaine. C'est aussi dans la région du Pool que cette pratique s'observe.

22) La diarrhée
Le patient est tenu de manger les feuilles crues de *Gnetum* après les avoir lavées à l'eau. Le traitement ne s'arrête que lorsque la guérison est obtenue. Cette pratique est courante dans les régions du Niari, de la Bouenza, de la Lékoumou et de la Cuvette-ouest.

23) La tuberculose
Le jus recueilli à partir des feuilles de *Gnetum* pilées ou écrasées est administré au patient dans une cuillère à soupe, s'il s'agit d'un enfant ou, dans un demi-verre, s'il s'agit d'un adulte. Cette dose est prise trois fois par jour, et la durée du traitement varie selon les cas. Il ne s'arrête que si le malade est guéri. C'est également dans les régions du Niari, de la Bouenza, de la Lékoumou, de la Sangha et de la Likouala que ce traitement est pratiqué.

24 Les otites sèches et purulentes

Le jus recueilli à partir des feuilles de *Gnetum* pilées ou écrasées est administré au patient par gouttes. La posologie est de deux gouttes, trois fois par jour dans l'oreille affectée. La disparition du mal conditionne l'arrêt du traitement. Selon un de nos informateurs, ancien agent de la santé déjà admis à la retraite, les plus jeunes feuilles sont préférables. On les passe légèrement au feu afin de mieux les écraser. Ce jus, réhydrate les membranes de l'oreille interne et, joue le rôle d'anti-inflammatoire et d'antiseptique. Ce remède est fréquemment utilisé dans les régions du Pool, du Niari, de la Bouenza, de la Lékoumou, de la Cuvette-ouest, de la Cuvette centrale et des Plateaux.

25) La fièvre due à la poussée dentaire

Il suffit de mettre simplement une feuille de *Gnetum* dans une bouteille d'eau à boire destinée à l'enfant ou dans son biberon. Par un effet de diffusion, la feuille libère des propriétés chimiques qui participent à la guérison du jeune patient. Cette recette est proposée dans les mêmes régions que dans le cas des otites.

26) Les maux des yeux dus à la présence d'un corps étranger et d'une tâche rougeâtre

Deux approches sont proposées, la première et la plus simple consiste à administrer dans l'œil malade, trois fois par jour, deux gouttes du jus obtenu à partir des feuilles de *Gnetum* écrasées ou pétries entre les deux paumes des mains ; la seconde, la plus complexe, consiste d'abord à préparer au feu de bois et sous emballage des feuilles de bananier ou de marantacées, des feuilles de *Gnetum* coupées en fines lamelles auxquelles on ajoute un peu d'eau, à prélever le jus après un temps de cuisson relativement raisonnable ; puis à administrer trois fois par jour, deux gouttes de ce jus recueilli dans l'œil malade. Ces soins sont administrés aux malades dans les régions de la Lékoumou, de la Bouenza, du Niari, du Pool, de la Cuvette-ouest et de la Cuvette centrale.

27) Les hémorragies nasales ou "mululu" en lari, "Nduk" en vili

Deux gouttes de jus filtré obtenu dans les mêmes conditions que dans les cas précédents sont administrées dans les narines, trois fois par jour. La durée du traitement est variable selon les cas. Cette pratique est très fréquente dans le Pool.

28) Les sinusites

Le traitement est administré dans les mêmes conditions que dans le cas des hémorragies nasales. Cette pratique est aussi fréquente dans la région du Pool.

29) L'épilepsie ou "nzieta" en lari

On procède de la même manière que dans le cas des hémorragies nasales ou "mululu", mais tout en ajoutant le jus de citron. On obtient le "nkelo" c'est-à-dire un mélange spécifique qu'on applique au niveau des yeux à raison de deux gouttes chaque fois. La durée du traitement est variable selon les cas. Cette pratique est courante dans le Pool et la Bouenza.

30) Les palpitations ou "ntima tuta" en lari

Une solution buvable est obtenue à partir d'un mélange d'eau et des lianes ou tiges fraîches pilées. On propose au malade soit un quart de verre, soit un demi-verre selon son âge, trois fois par jour. La durée du traitement est variable selon les cas. Cette thérapie est pratiquée dans les régions du Pool et du Kouilou.

1) Le "Bisselé" ou "mobeke" en lingala, "mubû" en lari

C'est un ensemble de douleurs qui relève des nerfs de l'estomac, du rachis et des organes thoraciques profonds.

Cette maladie entraîne souvent une déformation physique, notamment de la colonne vertébrale, aussi bien au niveau des jeunes gens que des adultes. Le traitement repose sur la préparation des feuilles du *Gnetum* associées à d'autres ingrédients non révélés par nos informateurs. Le mode de préparation s'inscrit dans le cadre d'un certain rite non révélé également. Le remède se prend sous forme de repas. La durée de traitement est variable selon les cas. A la fin de ce dernier, il est interdit au patient de consommer des repas à base de *Gnetum* afin d'éviter d'éventuelles rechutes. Le recours à ce traitement est fréquent dans les régions du Pool, de la Cuvette ouest et la Cuvette centrale.

32) L'asthme

Il est soigné presque de la même manière dans toutes les régions. Le jus recueilli à partir des feuilles de *Gnetum* écrasées ou pilées est administré au malade selon la posologie suivante :

- une cuillerée à café, deux fois par jour (matin et soir), s'il s'agit d'un enfant de moins d'un an ;
- une cuillerée à soupe, trois fois par jour pour des enfants de plus d'un an, voire quatre ans ;
- un quart de verre, trois fois par jour quand il s'agit d'un adulte.

A la fin du traitement, il est scrupuleusement interdit au patient de consommer des repas à base de *Gnetum* afin d'éviter d'éventuelles rechutes.

33) Les furoncles

Les feuilles de *Gnetum buchholzianum,* préalablement lavées puis mâchées par le patient lui-même, sont appliquées comme emplâtre sur les furoncles pour les faire mûrir plus vite. Ce traitement est pratiqué dans toutes les régions. Sa durée ne dépasse jamais une semaine.

34) Les accouchements plus faciles et moins douloureux

Dans ce cas, l'usage du *Gnetum* est d'ordre préventif. Une tisane est obtenue à partir des lianes du *Gnetum buchholzianum,* coupées en petits morceaux et préparées dans une casserole et administrée à la future maman. Cette tisane rend les accouchements plus faciles et moins douloureux. Elle est proposée aux femmes ayant des grossesses à risque et très souvent vers le huitième mois. Un quart de verre, trois fois par jour, est la dose prescrite par le tradithérapeute. Cette pratique s'observe dans certains villages de la région du Pool, de la Cuvette centrale et de la Cuvette-ouest.

35) Le panaris

On applique sur le doigt malade une jeune feuille de *Gnetum* légèrement réchauffée au feu et ramollie en guise d'antiseptique. Ce traitement est réitéré autant de fois que possible jusqu'à la guérison totale. Il est pratiqué dans les régions de la Cuvette-ouest et dans la Lékoumou.

36) Le poison

Les feuilles de *Gnetum* sont rincées à l'eau et consommées crues, cinq à six fois par jour, pendant les dix premiers jours qui suivent l'empoisonnement. Dans la région du Pool, on recourt à cette pratique.

37) Les inflammations au niveau des pieds

Le remède est constitué de l'association des feuilles de *Gnetum* non coupées et des feuilles mortes de bananier bien chauffées. Après la préparation, l'eau chaude est recueillie dans un petit bassin dans lequel le malade plonge ses pieds. Ce traitement est réitéré autant de fois que possible jusqu'à la guérison. Il est pratiqué dans toutes les régions du Congo.

38) La pellagre

A titre préventif, il est interdit de donner au chien des repas à base de *Gnetum* afin d'éviter la perte ou la chute des poils.

39) Le "Boketa"

Ici, l'usage du *Gnetum* s'inscrit dans le cadre du rite de "Boketa" qui signifie "jumeaux". On fait porter à la « mère des jumeaux ou jumelles » des lianes de *Gnetum* sous forme de cordons entrecroisés au niveau de la poitrine. On y associe des clochettes afin de "repousser" les esprits malins susceptibles de nuire à la mère et aux jumeaux. Ceci est une caractéristique propre aux régions des Plateaux, de la Cuvette-ouest, de la Cuvette centrale et de la Lékoumou.

40) Les esprits incubes et succubes, les envoûtements

Pour combattre ces mauvais esprits que l'on appelle vulgairement "maris de nuit" et "femmes de nuit" et les envoûtements, les "victimes" font recours à des "initiés".
La préparation du remède se fait dans un canari selon le rite propre au tradithérapeute. Mais, généralement, en dépit de la différence de style des thérapeutes, on procède par association des feuilles de *Gnetum* coupées en fines lamelles à celles de l'*Amaranthus* sp, communément appelé "bari" et à celles de manioc. On y ajoute d'autres ingrédients tels que du sel gemme, des tarots ou de la banane plantain, des petites carpes d'eau douce (mbolo) et de l'huile de palme.
La prise de ce remède est précédée d'un autre rite. La famille ou la communauté villageoise y participe lorsqu'il y a des chants et danses. Le tradithérapeute invoque et / ou convoque de façon orale les esprits de ses propres ancêtres afin qu'ils participent eux aussi à l'œuvre de libération ou de guérison, car son "pouvoir" vient d'eux. Ensuite, il trace un cercle à même le sol dans lequel il place le canari contenant le remède. Des marques rougeâtres, blanchâtres

et noirâtres sont faites, selon son style, sur le canari, sur le front, les tempes, les poignets et les pieds du patient. Cette pratique s'observe dans la région de la Cuvette centrale, la Cuvette Ouest, dans les Plateaux et la Lékoumou.

41) Les "repas de nuit"

Comme dans le cas des esprits incubes, succubes et des envoûtements, la préparation du remède et la prise de ce dernier se font selon un certain rite et le style propres au tradithérapeute. Cependant dans la préparation, on associe toujours le genre d'aliment que les "assaillants" ou agresseurs mythiques "ont fait ou font manger la nuit" à leur victime. On retrouve cette pratique thérapeutique dans les mêmes régions que dans le cas précédent.

42) La protection contre « un esprit de sorcier mort »

Quand un sorcier bien reconnu meurt dans le village, deux attitudes s'observent. Certaines personnes s'en réjouissent parce que, disent-elles, il n'y a plus de danger. D'autres, par contre, continuent à manifester une certaine crainte, parce que, dit-on, en Afrique, le mort n'est jamais mort, surtout un sorcier. Son esprit peut toutefois venir troubler la quiétude des villageois. Pour éviter toute "perturbation sociale" et surtout une psychose collective, les villageois s'empressent, juste après la mort d'un sorcier, de mettre quelques gouttes du jus de *Gnetum* dans ses narines et ses yeux. Cette pratique préventive est courante dans les Plateaux et la Lékoumou.

III) Analyse et interprétation

Au regard des données de cette enquête, il y a lieu de constater que le *Gnetum* n'est pas seulement un produit ordinaire qui entre dans l'alimentation des Congolais mais possède aussi des vertus médicinales. Au total, quarante-deux vertus médicinales ont été recensées parmi lesquelles trente-huit sont d'ordre purement thérapeutique et quatre d'ordre "médico-magique".

Au plan thérapeutique, les remèdes qui découlent du *Gnetum* sont utilisés aussi bien à titre préventif que curatif. Les pathologies recensées peuvent être classées dans des domaines très variés de la médecine moderne tels que la dermatologie, la gastro-entérologie, l'O.R.L., l'urologie, la cardiologie, la neurologie, la phtisiologie, la chirurgie, l'esthétique, l'andrologie, la gynécologie, l'hématologie, l'endocrinologie, la rhumatologie, la pédiatrie, la toxicologie, l'ophtalmologie (ou la traumatologie) et la stomatologie. Concernant la dermatologie et l'esthétique, on peut compter six maladies à savoir : la gale, la phtiriasis vesicolor, les furoncles, les kéloïdes, les soins de la peau et du visage.

Dans le domaine de la gastro-entérologie, on peut relever cinq maladies : la constipation, la diarrhée, les gastrites, les hémorroïdes et les colites chez les nourrissons tandis qu'en O.R.L., cinq : l'aphasie, le hoquet, les hémorragies nasales, les otites et les sinusites ; en cardiologie, quatre : l'hypotension, l'hypertension artérielle, les palpitations et les "bissélé"; en neurologie, trois: les céphalées, l'épilepsie l'hémiplégie ; en phtisiologie, deux : l'asthme et la tuberculose ; en chirurgie, trois : les blessures récentes, les furoncles, les kéloïdes ; en andrologie et en gynécologie, trois : l'impuissance sexuelle chez l'homme, la stérilité chez la femme et l'accouchement sans douleur ; en hématologie, deux : l'anémie et la splénomégalie ; en urologie, un : l'énurésie ; en endocrinologie, deux : les diabètes ; en rhumatologie, deux: les panaris et les inflammations au niveau des pieds ; en pédiatrie, deux : les colites et les fièvres provoquées par les poussées dentaires chez les nourrissons ; en ophtalmologie, (ou traumatologie), deux : les maux des yeux dus à la présence de corps étrangers et les taches rougeâtres dans les yeux ; en stomatologie, un : les poussées dentaires et enfin en toxicologie, deux : les morsures de serpents et les empoisonnements. L'examen de ces données permet également de constater que les remèdes à usage interne sont au nombre de 32, soit

76,19 % tandis que ceux à usage externe sont au nombre de 10, soit 23,81%. Pratiquement, toutes les régions du Congo utilisent les deux espèces de *Gnetum* dans la préparation des remèdes. Cependant l'usage de l'espèce *africanum* est très spécifique pour les soins de la splénomégalie et celui de l'espèce *buchholzianum* pour les soins contre la stérili- té chez la femme, les furoncles et les accouchements diffi- ciles.

De plus, l'usage des feuilles dans la préparation des remèdes, est plus fréquent (38 fois, soit 90,47%) que celui des tiges (3 fois, soit 7,14%). Les feuilles fraîches sont plus utilisées (30 fois soit 71,42%) que les feuilles sèches ou brûlées (5 fois, soit 11,19%). Ce fait se justifie d'autant plus que, dans la majorité des cas, on recourt aux feuilles vertes ou fraîches afin d'obtenir du jus ou de la chlorophylle.

S'il est probable que les tradipraticiens ignorent toutes les propriétés chimiques du genre *Gnetum*, il nous est aussi possible d'affirmer qu'ils connaissent de façon empirique quelques principes actifs des remèdes à base du *Gnetum* en raison des dosages et des prescriptions qu'ils donnent aux patients d'une part, et qu'ils croient fortement en leurs vertus thérapeutiques d'autre part. La raison fondamentale réside en ce que cette connaissance est transmise de façon vulgaire et surtout orale.

Mais il est à relever que ce fait n'est pas spécifique au Congo ou à l'Afrique. Car, de tout temps, et dans tous les pays, l'histoire des hommes a toujours été marquée par leur tradition. Et cet héritage culturel véhiculé par le biais des doctrines, des coutumes et légendes, et spécialement par la parole par exemple, fonde toute une idéologie que les individus vivent et transmettent d'une génération à une autre. Par conséquent, la médecine traditionnelle, comme son nom l'indique bien, n'échappe pas à cette règle.

Si au niveau de Brazzaville uniquement, quarante-deux vertus ont été recensées dont trente-huit d'ordre purement thérapeutique, il y a lieu d'affirmer que la médecine traditionnelle congolaise offre à travers le *Gnetum*, des pistes de recherche très intéressantes. Une enquête plus approfondie à l'intérieur des régions du Congo et dans tous les pays de l'Afrique Centrale permettrait sans nul doute d'avoir un répertoire plus riche. Aussi, des travaux plus systématiques en laboratoire, dans les domaines de la phytochimie et de la pharmacologie permettraient de mettre en évidence toutes ces vertus sus-citées et même d'en découvrir d'autres.
En d'autres termes, il y a lieu de dépasser le cadre actuel des connaissances empiriques pour aboutir à des faits systématiques, scientifiques. Pour cela, il conviendrait d'aller au-delà du volet "populaire" de cette médecine "ethnique" afin de découvrir le volet "scientifique". Ce qui corrobore le point de vue de Villot et Guerin (1979). Ces derniers reconnaissent d'une part que ces médecines appelées "ethniques" comprennent un volet "populaire" et un volet "scientifique", et d'autre part, que même la tradition médicale occidentale comporte elle aussi une dimension "populaire" non négligeable à côté de son aspect "scientifique".

Sur le plan "médico-magique", c'est-à-dire relevant des rites, quatre vertus ont été recensées. Les cas ici évoqués sont ceux des envoûtements, des esprits incubes et succubes, de protection contre un esprit de sorcier mort, des "repas de nuits" et des "boketas". Il s'agit là du domaine des traditions, des croyances, de la superstition, voire du mysticisme.

En général, toute tradition comporte toujours un volet mystique. Ce sont surtout les chants, les danses, les paroles invocatrices ou incantatoires, les gestes, les dégui-sements avec des marques colorées (noirâtres, jaunâtres, blanchâtres et rougeâtres) qui constituent la toile de fond des rites.

Le mythe autour du phénomène « boketa » ou « jumeaux » par exemple vient de ce que dans la tradition africaine en général et congolaise en particulier, faire des jumeaux relève d'une prédestination. On ne naît pas jumeau par hasard. De même, on ne fait pas des jumeaux par hasard . Ainsi, cette considération tellement profonde va au-delà de la sphère inconsciente de tout un chacun. D'où le renforcement de cette conception par des rites organisés à la fois par la famille et le groupe social. Renforcement qui consiste à adjoindre aux cordons entrecroisés de lianes de *Gnetum* des cloches ou clochettes sensées détenir un pouvoir exceptionnel de repousser les esprits mauvais.

Au-delà de l'aspect magique, le déguisement constitue aussi une marque d'identification statutaire dans le groupe social. L'appellation de « mama mapassa » en lingala ou de « mâ ngudi » en kituba et en lari (ce qui veut dire : la mère des jumeaux) constitue une marque de distinction au regard de la société, distinction qui lui confère bien un prestige, des égards singuliers lors des grandes fêtes et cérémonies religico-magiques. Parce qu'elle détient un pouvoir qui n'est pas donné au commun des mortels.

Généralement, le rite accompagne l'acte thérapeutique. Car, il n'y a pas des rituels isolés. Cependant il y' a une certaine tendance à croire et à faire croire que l'aspect rituel prime sur le thérapeutique, ce qui n'est certainement pas vrai.

Il est possible que les paroles prononcées dans un style d'invocation ou d'incantation et dans un contexte tel que celui de la libération et de la délivrance des personnes envoûtées ou supposées être envoûtées (par des esprits mauvais) soient vraiment mystiques et constituent une arme psychosociologique redoutable. Parce que la pratique des rites n'est réservée qu'aux initiés et que les profanes sont tenus de ne pas s'aventurer sur ce terrain en raison des dangers à encourir. Cependant, il nous semble aussi probable que ces paroles ne soient pas en elles-mêmes mystiques mais puissent le devenir du fait qu'on y croit. Par exemple, lorsqu'on admet que, c'est par elles que le tradithérapeute s'adresse aux esprits de l'au-delà, aux esprits favorables à la guérison, plus singulièrement ceux de ses propres ancêtres qui lui ont transmis ce pouvoir afin de l'inspirer et d'orienter son action.

L'hypothèse qui semble nous rapprocher de l'évidence est qu'à travers les rites, selon les cas, il se passe en quelque sorte un "exorcisme" ou une psychothérapie individuelle ou collective. Celui-ci ou celle-là s'avère d'autant plus efficace que, psychologiquement parlant, le tradithérapeute, connaît très bien l'histoire du patient, de sa famille, les antécédents conflictuels dans sa famille ou dans le groupe social auquel ce dernier appartient, ce qui rassure d'une part, et que de son côté, le patient a confiance en son tradithérapeute en raison de sa notoriété d'autre part.

C'est pourquoi, nous convenons avec Kheraro (1974) que s'il y a un domaine dans lequel les hommes font le plus intervenir le sacré, le mystique, le religieux, c'est bien celui de l'art médical né de l'inquiétude humaine en présence de la maladie et de la mort...Ce qui explique d'ailleurs les systèmes de croyances et de représentations en matière de maladie et modalités ou procédures de soins.

En fait, chacun de ces systèmes constitue un tout ; il a sa logique propre selon chaque société, et conditionne l'ensemble des comportements. Si dans de nombreuses sociétés et surtout en Afrique Centrale, la maladie et la mort ont été de tout temps considérées comme des

phénomènes étrangers qui renvoient à la représentation complexe de la vie, elles relèvent donc d'un esprit maléfique.
Dans ce contexte, l'origine de la maladie est attribuée à des forces spirituelles (esprits offensés, mauvais génies, ...) qui agissent dans un but de vengeance ou de sanction. La maladie et la mort traduisent finalement le châtiment de transgression d'un interdit social ou moral, de même que toute négligence au sujet d'un rite ou d'une pratique magique imposée par le groupe social.

Elles peuvent être aussi le fait d'un être humain agissant soit personnellement, soit par l'intermédiaire d'un sorcier. Ainsi, devant l'action de ces forces surnaturelles, le patient a besoin d'intercesseurs: ceux que l'on appelle des médecins traditionnels, des herboristes, des guérisseurs avec parfois usage de rites. Dans les cas sus-cités, il nous semble difficile de déterminer ce qui dans le "médico" (aspects thérapeutiques) et le "magique" (aspects rituels et mystiques) a une prépondérance sur l'autre, cependant nous pouvons admettre les deux comme complémentaires. Certes, les rites paraissent irrationnels et relèvent de l'ordre des croyances et du subjectif, mais il est très difficile aujourd'hui aux scientifiques de démontrer l'efficacité ou non de ces derniers. Cependant, nous estimons que l'efficacité des remèdes à base du *Gnetum* tient à la fois des vertus thérapeutiques naturelles elles-mêmes, des connaissances, des expériences pratiques des tradi-thérapeutes et de la confiance que les patients et le groupe social leur accordent. Ce dernier aspect qui est d'ordre psychologique est très déterminant dans les relations humaines en général et dans l'acte médical en particulier. Car, lorsque les rapports inter-individuels "patient - thérapeute" ne bénéficient d'aucune marque de confiance réciproque, il y a inévitablement échec dans les soins. Sa prise en compte ici par le tradithérapeute s'explique non seulement par le fait que ce dernier rassure le patient ou la patiente, mais aussi, parce qu'il associe son partenaire (cas de la stérilité chez la femme) ou les parents ou la communauté villageoise (cas des rites contre les envoûtements et les mauvais esprits, lorsqu'ils sont accompagnés de chants et danses) dans le but de faire percevoir au patient que sa situation préoccupe tout son entourage et qu'il est soutenu par tous - ce qui participe à l'œuvre de guérison. Le refus de certains de nos informateurs, de donner des détails sur la préparation d'un certain nombre de remèdes et sur le déroulement de certains rites constitue l'obstacle majeur que nous avons rencontré sur le terrain. Il relève sans doute des secrets professionnels qu'ils tiennent de leurs parents ou grands-parents et qu'ils sont tenus de ne pas divulguer. Mais des dispositions ultérieures seront prises afin de les arracher, car un adage dit : "le secret peut se vendre", à l'instar des brevets d'invention.

Conclusion

Cette étude a permis de constater que le *Gnetum* est un produit très important dans la pharmacopée traditionnelle congolaise. Les remèdes préparés à base dudit produit sont utilisés aussi bien sur le plan préventif que curatif. Parmi les quarante-deux vertus médicinales recensées, trente huit sont d'ordre purement thérapeutique et quatre sont d'ordre "médico-magique". Les premières touchent les domaines très variés de la médecine moderne explicités plus haut. Les secondes relèvent par contre du domaine "médico-magique", ici très caractérisé par des rites, des croyances et des superstitions. Apparemment rien ne prouve que les aspects rituels ont une prépondérance sur les aspects purement thérapeutiques. Cependant, il est très probable que les deux aspects se complètent en vue de la guérison profonde des patients. Car, à travers les rites, il se déroule une sorte "d'exorcisme" ou de psychothérapie individuelle ou collective.

Il y a certainement lieu de penser également que, profitant de la connaissance des vertus médicinales elles-mêmes du *Gnetum*, les tradi-praticiens manifestent un besoin de rites pour rendre efficace leur acte thérapeutique ; en induisant ainsi, du côté des patients, un comportement de foi, de croyance ou de superstition. Ce qui revient à dire que l'aspect mystique ou magique du rite n'est que créé dans les "esprits" des patients ou de leur entourage par ces "spécialistes" du fait de l'influence des interdictions culturelles. Une lecture psychosociologique plus approfondie permettrait sans nul doute de mieux comprendre ce qui y est caché. Eu égard à ce qui précède, on peut affirmer que, par ses vertus, le *Gnetum* mérite davantage d'investigations dans le domaine médical et de la pharmacopée. Des recherches de terrain allant dans le même sens que celle-ci, mais cette fois-ci, réalisables dans toutes les dix régions du Congo, voire dans tous les pays de l'Afrique centrale permettraient d'avoir probablement un répertoire plus large.

Aussi des travaux plus systématiques dans les domaines phytochimique et pharmacologique devraient valider toutes ces vertus et d'en découvrir d'autres encore. Les pouvoirs publics et les organismes internationaux devraient financer la recherche dans ce domaine, car les molécules actuellement mises en évidence et utilisées dans la fabrication des spécialités pharmaceutiques proviennent en majorité des végétaux. Sur cette base, il s'avère plus qu'important de réhabiliter véritablement la médecine traditionnelle dans le système de santé en Afrique en général, et en Afrique Centrale en particulier comme le souhaite l'Organisation Mondiale de la Santé (O.M.S.) d'une part, et le soulignent avec force Bannerman (1977, 1979), Guerin et Guerrn (1979), Modoulo et al. (1995), d'autre part. Car, non seulement, la médecine traditionnelle vient compléter la médecine moderne classique, mais aussi, elle l'enrichit énormément.

Références bibliographiques

ALOUMBA, A. (2001). Consommation et commercialisation du *Gnetum* en République du Congo. Exposé –Journée porte ouverte sur le *Gnetum,* S.I.CO.FA (Association des Femmes Congolaises du secteur informel), Brazzaville 29 avril.

BANNERMAN, R.H. (1977). Le programme de l'O.M.S. *Santé du Monde*, novembre, p. 16-17.

BANNERMAN, R.H. (1979). La médecine traditionnelle et le programme O.M.S. *L'enfant en milieu tropical. Médecine traditionnelle*. CNRS, Paris, n° 122, p. 4-12.

KHERARO, J. (1974). *Pharmacopée sénégalaise traditionnelle. Plantes médicinales et toxiques.* Ed. Vigot *et frères*, Paris, p. 702.

KHERARO, J. et ADAM, J. G.(1974). La pharmacopée sénégalaise traditionnelle. *Plantes médicinales et toxiques*. Ed. Vigot et frères, Paris, p. 174-148.

MIALOUNDAMA, F. (1993). Nutritional and socio-economic value of *Gnetum* leaves. Central African forest. In HLADIK, C.M. ; HLADIK, A. ; LINARES, O.F. and all. (1993). *Tropical Forest, People and Food. Man and biosphere* series, Vol. 13, UNESCO, p. 177-182.

MIALOUNDAMA, F. (1996). Intérêt nutritionnel et socio économique du genre *Gnetum* en Afrique centrale. In HLADIK, C.M. ; HLADIK, A. ; PAGEZY, H. et al. (1996) (1996) : *Alimentation en forêt tropicale*. Inter*actions bioculturelles et perspectives de développement.*

Vol. 1. *Les ressources alimentaires : Production et consommation*. UNESCO, MAB, p. 295-300.

MODOULO ; ISSAKHA DIALLO et DE LAUTURE, H. (1995) : Place des plantes médicinales dans le système de santé au Sénégal. *Revue de Médecines et Pharmacopées Africaines*. Vol. 9, n° 1, p. 43-50.

OUABONZI, A. ; BOUILLANT, M.L. and CHOPIN, J. (1983). Glycosylflavones from *Gnetum* buchholzianum and *Gnetum* africanum. *Phytochemistry*, vol. 22, n° 11, p. 2632-2633.

VILLOD, M.T. et GUERIN, N. (1979). Pourquoi la réhabilitation de la médecine traditionnelle ? *L'enfant en milieu tropical. Médecine traditionnelle*. CNRS, Paris, n° 122, p. 13-14.

TABLE DES MATIERES

PARTIE II : BIOLOGIE ET PHYSIOLOGIE

L'HARMATTAN, ITALIA
Via Degli Artisti 15 ; 10124 Torino

L'HARMATTAN HONGRIE
Könyvesbolt ; Kossuth L. u. 14-16
1053 Budapest

L'HARMATTAN BURKINA FASO
Rue 15.167 Route du Pô Patte d'oie
12 BP 226
Ouagadougou 12
(00226) 50 37 54 36

ESPACE L'HARMATTAN KINSHASA
Faculté des Sciences Sociales,
Politiques et Administratives
BP243, KIN XI ; Université de Kinshasa

L'HARMATTAN GUINEE
Almamya Rue KA 028
En face du restaurant le cèdre
OKB agency BP 3470 Conakry
(00224) 60 20 85 08
harmattanguinee@yahoo.fr

L'HARMATTAN COTE D'IVOIRE
M. Etien N'dah Ahmon
Résidence Karl / cité des arts
Abidjan-Cocody 03 BP 1588 Abidjan 03
(00225) 05 77 87 31

L'HARMATTAN MAURITANIE
Espace El Kettab du livre francophone
N° 472 avenue Palais des Congrès
BP 316 Nouakchott
(00222) 63 25 980

L'HARMATTAN CAMEROUN
BP 11486
Yaoundé
(00237) 458 67 00
(00237) 976 61 66
harmattancam@yahoo.fr

614126 - Juillet 2015
Achevé d'imprimer par

1livre.com
du rêve à la réalité !

www.ingramcontent.com/pod-product-compliance
Lightning Source LLC
LaVergne TN
LVHW010923061026
849535LV00007B/2202
9782296040083